# ゆらゆらじんわりお香ぐらし

自分らしく生きる贅沢時間の過ごし方

石濵 琹

# ゆらゆら　じんわり　お香ぐらし

自分らしく生きる贅沢時間の過ごし方

# はじめに

みなさん、こんにちは。香司（こうし）の石濵栞です。

私は普段、名古屋のお寺で「お寺の嫁の手作りお香講座」という講座を開催しております。

今、世の中の流れを見ていると、和の心を求めていらっしゃる方が増え、海外でも日本文化への関心が高まってきているのを感じます。二〇一三年にユネスコが富士山を世界文化遺産に、和食を世界無形文化遺産に登録し、二〇二〇年には東京オリンピック開催が決まりました。

私が開催しているお香講座にも、ここ数年で多くの外国人の方がご参加下さるようになりました。お香には、香水のようにシュッと吹きかけるだけで香る手軽さはありませんが、お香に火をつけ、燃え始めてから燃え終わるまでの一連の流れが、外国の方の目には芸術のように映るようです。

講座を開催しているとよく、お香を学ばれている生徒さん方から、「お香の勉強を始めたら周囲との人間関係が良くなった」とか、「いつも穏やかな心でいられるようになった」というお声をいただきます。

私自身、お香を生活に取り入れるようになってから、周囲から「顔つきが優しくなったね」とか「穏やかになったね」と言われて、みるみる良縁に恵まれ、人生が明らかに好転していった経験があります。

・お香で心が満たされ、人に優しい心でいられるようになった。
・お香の香りには邪悪なものが近寄れないので、良縁に恵まれるようになった。
・お香と対峙することは自分の心と対峙することにもつながるので、流されずブレない自分になれた。
・自律神経やホルモン分泌を整えるお香の働きにより、穏やかな自分でいられるようになった。

・感覚が研ぎ澄まされ、直感力が冴え渡ってきた。
・お香の殺菌作用により、部屋の空気が清らかになった。

などなど、お香を生活に取り入れてからの良い体験談をあげたらキリがありません。

そもそもお香文化は、仏教とともに日本に伝わり発展し、平安時代になると、お香の香りを部屋や衣服へ薫き染めて愉しまれるようになり、室町時代には文化の一つとして確立され、江戸時代には町人のあいだでも一般的なものとなりました。現在でも、私たちの生活に適した香りの開発が各所で進められています。

長い歴史のなかで多くの人々を魅了してきたお香の香りは、嗅ぐことで脳内にアルファ波やエンドルフィンなどの心地よさをもたらしてくれる物質が分泌され、癒やしの効果が得られるものと科学的に分析されています。

お香の香りは、古来から受け継がれてきた日本の文化を肌で感じさせてくれます。そして、お香の香りを嗅ぐと、日常から離れ、自分だけの贅沢な時間を味わうことができます。

あなたも、ぜひお香文化を日常に取り入れ、自分だけの贅沢な時間を過ごされてみて下さいね。

ゆらゆら じんわり お香ぐらし◉もくじ



## 1章 良縁に恵まれるお香

2章 心を浄化し感覚を研ぎ澄ますお香



3章 お香を手作りするからこそ生まれる効能

## 4章　疲れた心を癒やすお香

## 5章 お寺×お香で運気を掴む五つの習慣

## 6章　お寺×お香で自分らしさを取り戻す

# 1章

# 良縁に恵まれるお香

# 良き香りのあるところ、邪悪なるもの近寄らず

私がお香を始めたのは遡ること約十年前。お香を生活に取り入れるようになってから、私の人生はみるみる良縁に恵まれるようになりました。

お寺にいると、一番よく聞かれるのが**「良縁の引き寄せ方」**です。

世間では婚活という言葉をよく耳にするようになりましたし、さまざまな場所で出会いのイベントや自分磨きのイベントなども開かれています。自分磨きに加えて、良い相手を引き寄せるための引き寄せの法則など、スピリチュアルにご興味をお持ちの方も多くいらっしゃるのではないでしょうか。

私が以前取材を受けたテレビ番組でも、「良縁を引き寄せるお香作り」といった内容の講座を依頼されたことがありました。

実は、お香の世界では**「良き香りのあるところ、邪悪なるもの近寄らず」**と言われていて、お香の香りは良縁を運んできてくれる効果があると古来より言い伝えられているのです。

「良縁」とひとことで言っても、その対象は人だけでなく、自分と関わるすべてのものです。

**私にとっての一番の良縁は、仏様とのご縁でした。**

そして、その目には見えない仏様とのご縁が、結果的に目に見える現実世界のなかでの良縁へとつながっていったのです。

## お香による「浄化」と仏様を大切にする心

私の大好きな場所の一つに、仏教の聖地「高野山」があります。高野山には、高野山を弥勒(みろく)浄土や阿弥陀(あみだ)浄土とする信仰があり、日本最古の仏様が奉安される長野の善光寺とともに浄土の二大聖地と言われています。

そんな浄土の聖地高野山は、私が人生でとても落ち込んだどん底時代に通い詰めた場所です。**どん底時代に光を求めて通い詰めた高野山。**

今になって感じていることですが、そのときすでに、のちに如来様の温かい光に包まれる日（お寺に嫁ぐ日）が来るきっかけとなるご縁を弘法大師空海より授かっていました。気がつけば、導かれるようにお香とのご縁をいただき、その世界に没頭して、まるでお香の煙が仏様のもとへ届くように、**私もお香の煙を通して仏様とのご縁が結ばれていたのです。**

一時期私は、お寺好きが高じて**「寺ガール」**と呼ばれていました。その時期は、高野山をはじめ、さまざまなお寺に足を運び仏教の御教えに触れました。

仏様が生き生きされているお寺は、空気が澄んでいてとても清らかで、山門をくぐる前からお香の香りが漂っています。

そういったお寺は、ご住職はもちろん、参詣者のみなさんも光輝いているように見え、何より仏様がとても喜ばれ、確かにそこにご鎮座されていることを感じました。そして、そんなふうに、仏様が喜ばれご鎮座されるには、何かしらの条件があるように思えました。

**お寺を巡ったなかで、私が気づいた条件は二つあります。**

一つ目は、山門をくぐる前から**お香の香りが漂っている**ということ。お香の香りは空気を清らかにし、煙が悪い気を祓ってくれます。

二つ目は、ご住職をはじめとする参詣者のみなさんの、**仏様を大切に思う心**です。みんなが仏様を大切に思う心が、良いエネルギーに満ちた「お寺」という空間を作っていました。

これは、ご家庭でも同じことが言えると思います。大切なのは、目に見えない仏様に対して畏敬(いけい)の念を込めて祈るその心です。

少し前に『仏壇が子供の情操面に好影響か』というネットニュースの記事を目にしました。大手お香メーカーが有名教育評論家の監修のもと、子供たちの「供養経験」と「優しさ」の関係性を調査したものです。

その調査結果によると、お仏壇やお墓にお参りする習慣のある子供は、そうでない子供に比べて他者への優しさを示す数値が高くなり、統計学的な有意差が認められたとのことでした。

**お仏壇やお墓に手を合わせて祈る行為が子供の優しさを育むというのです。**とはいうものの、核家族化により仏間のない住宅が増え、お仏壇のあるお宅は年々減少しています。

では、お仏壇やお墓を持たないお宅では仏様に手を合わせることができないのか？というと、決してそんなことはありません。

お部屋のなかに祈るスペースを作り、お香を焚き、心を仏様に向けて祈れば、もうそこは**立派な仏間**です。

**大切なのは「祈る」という行為が日常のなかに当たり前に存在していることではないでしょうか。**

かく言う私も、数年前までは六畳一間のマンション暮らし。もちろん仏間などなく、お部屋で手を合わせることもありませんでした。ただ、お寺が好きでしたので、しょっちゅうお寺の仏様に手を合わせに行っていました。

そんなお寺好きな私が思いついたこと、それは、「お寺と同じ空間をお部屋に作りたい！」ということでした。

でも仏像を買うお金はありません。それどころか、お花代やお供物代などを考えると**「く、供養って、お金かかるぅ～～…」**などと、現金なことを考える始末（苦笑）。そこで、私がお部屋にお寺と同じ空間を作るために注目したアイテムが、幼少時から、その落ち着く香りが大好きだった『**お香**』でした。

お香は古来より「信心の使い」と言われ、その香りが心身を浄め、自分のなかにある仏様の心を目覚めさせると言われています。また、「仏の使い」とも言われ、私たちの祈りはお香の煙に乗って仏様へ伝えられるとも言われています。

私がお寺の空間を思い描いたとき、必ずと言っていいほど思い出すのが、**お香の香り**です。

思い返すと、祖父の葬儀の際にお経を上げて下さった僧侶が袈裟のたもとから出したお焼香も、なんとも良い香りでした。そのときに、僧侶の持っているお香は特別なお香に違いないと思ったものです。

そんなわけで、お香だけは毎日良いものをお供えしてお参りしようと心に決めました。お部屋でお香を焚くと、**不思議とお寺にいるような感覚になります**。正座をし、姿勢を正し手を合わせ、目を閉じて仏様に思いを馳せれば、もうそこは紛れもなくお寺です。

お香一つで、自分のいる空間がそれほどまでに変化するとは思いませんでした。また、それ以外にも、お部屋でお香を焚くようになってから良い変化が次々と起こるようになりました。**一番は「顔つき」の変化**です。会う人会う人から「顔つきが優しくなったね」と言われるようになりました。お香の香りを嗅ぐと、脳内でアルファ波やエンドルフィンといった成分が分泌されます。それによってストレスが緩和され、心が穏やかになるので、顔つきが優しくなっていったのだと思います。

## お香を通し自分の心の声を聞く

お香を焚いてその香りを鑑賞する芸道である香道の世界では、お香の香りを「嗅ぐ」と言わず**「聞く」**と言います。また、仏教の経典でもお香における「かぐ」という行為に対しては、もっぱら「聞香(もんこう)」と記されています。**「聞く」とは五感を研ぎ澄まし一心に鑑賞すること**です。私はいつも、お香を焚き始めたら、まず立ち昇る煙に意識を集中します。そして何も考えずに、ただただ煙を鑑賞することに意識を集中します。はじめのうちは、心が過去に行ったり未来に行ったり、いろいろな思いが浮かんでは消えます。

そんな雑念を全部流して煙に集中し続けていると、**だんだんと「今」の自分に意識が向かい、素の自分に戻ることができます。**

素の自分に戻ったら、今度は意識をろうそくの炎に移します。

そうすると、心身ともにリラックスし、深い癒やしに包まれていきます。

現代社会に生きていると、仮面をかぶらなければならなかったり、過去の失敗の経験から、自分が本当にしたいことはなんなのかがわからなくなったりすることがあります。ですが、お香と対峙していると、素の自分に戻り、深い癒やし効果で心と体の余分な力が抜けるので、普段かぶっている仮面・壁・価値観が全部はずれ、**今の自分が望んでいること、自分が本当に生きたい道が見えてきます。**

私自身、周囲から良く見られたくて必要以上に頑張ってしまったり（そして空回りしたり（笑）、周囲の目を気にして自分の行動を選んでしまったり、インターネットなどから入ってくる情報に流されてしまったり、自分の心としっかり対峙せず、自分の本意ではない意思決定をしてしまうことがよくありました。

そうすると、自分で選んで行動しているはずなのになぜか不満が溜まり、心身ともに疲れ、感情の起伏がはげしくなり、身近な人にあたってしまうこともしばしば…。

ですが、お香と対峙することで、自分の心とも対峙することができ、自分の本音が手に取るようにわかって、その本音のままに、自然体で生きられるようになりました。お香と対峙することは自分の心と対峙することにもつながります。

**良縁を引き寄せるためには、悪縁を寄せつけないことも必要です。**

毎日お香との対峙を続けていると、自分の本音で生きられるようになり、日々のちょっとした気持ちの変化にもすぐに気づくことができ、流されずブレない自分になることができるので、自分にとって本当に必要な良縁に自然と恵まれていきますよ。

## さらなる良縁に恵まれる六波羅蜜の智慧

さて、ここからは、私がお寺に嫁いだのちに、ある僧侶から教えてもらって実践し、さらなる良縁に恵まれるようになった方法をお伝えしたいと思います。

今、お寺は立ち行かない時代だと言われています。それにもかかわらず、嫁ぎ先のお寺の檀家様になっていただける方がどんどん増えています。

何より、子供が出来ないかもしれないと言われていた私が子供を授かりました。そのほかにもいろいろやらかしてきたこんな私が、今、優しい住職と可愛い息子に支えられ、たくさんのお香仲間に恵まれ、お寺にご参詣下さる方もどんどん増え、お寺に関わって下さる方々までもがどんどん幸せになっていく…。

そんな今を送ることができているのは、どう考えても、その方法を実践するようになってからなのです。

## みなさん、阿頼耶識（あらやしき）（1）ってご存知ですか？

阿頼耶識というのは簡単に言えば根源的な深層の意識のこと。亡くなったご先祖様代々の魂も、生きている私たちの魂もみんな阿頼耶識でつながっていて、**ご先祖様を供養することは、自分自身を供養することでもあります。**

「供養」と言うと、どうしても仏事（葬儀や法事、亡き方のためのもの）というイメージをお持ちの方が多いと思います。ですが、先述した通り、すべての魂は阿頼耶識でつながっているので、供養は自分のためのものでもあるのです。

そんな阿頼耶識を供養するための必須アイテムとして、**私が僧侶から教えてもらったものが六つあります。**

この六つの供養アイテムは、今の自分の運気を確認できるアイテムでもあります。それは次の六つです。

①水
②塗香（ずこう）
③花（植物）
④焼香（しょうこう）（線香）
⑤米（ご飯）
⑥灯明（とうみょう）（火）

（1）阿頼耶識（あらやしき）…知覚や認識・推論・自己意識などの諸意識の根底にある意識。すべての心の働きの源となるもの。

## 供養アイテム① 水

水は六波羅蜜（ろくはらみつ）（2）で言うところの「**布施波羅蜜**（ふせはらみつ）」にあたります。

水って蒸発しない限り、どんなところへも、どこまでも流れていきます。そのことから、**水にはすべてのものを平等に慈しみ養う慈悲の徳がある**とされ、すべてに施しを与える「**布施**」**のシンボル**であるとされています。布施は、すべてのもののあいだで行われる優しさのやり取りであり、自分が仏様に一歩近づくための修行です。仏様にお供えする「水」は、与えることの徳を私たちに教えてくれます。

そして、**水は今の自分の運気を確認できるアイテム**でもあります。

このお話をすると「嘘でしょ〜」とよく言われるのですが、仏様にお供えする前の水と、仏様にお供えしたあとの水って、味が全然違います。お供えしたあとの水の方がまろやかな優しい味がします。逆に、なんだか気が悪いな～と感じる場所に水を置くと、すぐに腐ったりカビが生えたりします。

なので私にとって、水の状態は運気をはかるバロメーターでもあります。いつも飲んでいる水の味が少しでも変わったとき（生臭く感じたりするとき）は要注意。そんなときは何かが起こる前触れだったりするので、場を整え心身を整えて仏様にお参りをします。そもそも**人間の体は約六十％が水なので、その水を清浄に保つことは大切**なことですね。

（2）六波羅蜜…菩薩が涅槃の世界に入るために修める六つの行。布施（完全な恵み、施し）、持戒（戒律を守り、自己反省する）、忍辱（完全な忍耐）、精進（努力の実践）、禅定（心作用の完全な統一）、智慧（真実の智慧を開眼し、命そのものを把握する）の六つがある。

## 供養アイテム②　塗香

塗香（ずこう）というのは六波羅蜜で言うところの「**持戒波羅蜜**（じかいはらみつ）」にあたります。

これは字からイメージできる通り、お香の粉末を身体に塗りまとうものです。もともとは僧侶が修行の際に心身を浄めることを目的とした風習でしたが、最近では奥ゆかしい塗香の香りがお着物を着られる方や香水が苦手な方の注目を浴び、大人の嗜みとして使用される方も増えました。塗香を塗ることで邪気が祓われ心身が浄められます。

**持戒を込めて常に心身を清浄に保つことは良縁を引き寄せる秘訣**と言えます。

逆に悪い香りは悪縁を引き寄せると言われておりますので要注意。

昔テレビ番組で霊感が強いという芸能人が（もう誰だか忘れてしまいましたが）、「悪いものに憑かれているとお風呂に入りたくなくなる」と仰っており、なんだか妙に納得。お風呂に入りたくなくて入らないと当然臭くなるので、さらに悪縁を引き寄せる…といった悪循環になるのではと勝手な想像をしてしまいました。

塗香は自分自身の供養はもちろんのこと、自らの日頃の行いによって溜まってしまった邪気や悪縁も断ち切ってくれます。みなさんもぜひ、塗香を生活に取り入れてみて下さいね。

## 供養アイテム③　花（植物）

花は六波羅蜜で言うところの**「忍辱波羅蜜（にんにくはらみつ）」**にあたります。暑さにも寒さにも耐え、どんな相手にも変わらない姿を見せてくれる花は、見る人の心を安らげ癒やしてくれます。私たちはそんな花の姿から、**苦難に耐え忍ぶ「忍辱」を学ぶ**ことができます。

また、**花も今の自分の運気を確認できるアイテム**でもあり、「水」と同じように、花（植物）も気の悪い場所に置いておくとすぐに枯れてしまいます。花に限らず、観葉植物も気の悪い場所に置いているとすぐに枯れちゃいますよね。そればかりか、私たちの心の状態に反応し、イライラしているときや余裕のないときほど、枯れるスピードが速いです。

お寺では、仏様にいつも同じような種類の仏花をお供えするのですが、その花がいつもより早く枯れてしまったときは、すべての部屋の空気を一気に入れ替え、お香を焚いて場と自分自身を浄めます。自分がいる場所の、そして自分自身の気が乱れていると、運気の低下につながります。

供養アイテムの水と花は、**自分自身の運気をはかるバロメーターにもなってくれます。**

## 供養アイテム④　焼香（線香）

焼香というのは、六波羅蜜で言うところの「**精進波羅蜜**（しょうじんはらみつ）」にあたります。

お香の煙は、深いところにある阿頼耶識まで届き、燃え続ける限り、私たちに代わって阿頼耶識の供養のために働き続けてくれます。本来なら、私たちがひときも忘れることなく供養に意識を向けられたら良いのですが、日々の生活でなかなかそうはいきません。そんな私たちに代わって、**阿頼耶識を供養してくれるのが焼香（お香の煙）**なのです。

うちのお寺では、「常香盤（じょうこうばん）」という常にお香を焚き続けるための仏具を置き、参詣者のみなさんに代わり供養をさせていただいております。

ご家庭ですと、常にお香を焚き続けるのは大変難しいことですので、一日に一度で良いので、煙の出るお香を焚いていただけたらと思います。今は煙の少ないものが主流になっていますが、煙こそが供養になります。

そして、日本古来より「沈香（じんこう）」と「白檀（びゃくだん）」こそがお香とされてきましたので、できれば、どちらかの原料が使われているお香を焚いていただけたらと思います。

そして、**焼香もまた、自分の運気を確認できるもの**でもあります。

これはあくまでも私個人が気づいたことですが、お香の煙が真っ直ぐ立ち昇らずあらぬ方向へと流れていくときは、その先を見るとそこに必ず生ゴミなどの生臭いものがあります。目に見えるものがなくても、目に見えない存在がいたりします。いずれにせよ、供養が必要なものの方向へ流れていきます。

みなさんお気づきの通り、自分の住んでいる場所に、供養が必要な存在がたくさん在ることはあまり宜しくありません。

そうなれば当然運気も下がります。疲れやすくなったり、寝不足になったりすることもあります。なので、**生ゴミなどがあればすぐに捨てるようにし、目に見えないものの場合は、その場所でお香を焚き供養しましょう。**そうすることで一気に浄化されます。

ちなみに、目に見えないものをお香で供養するときは、攻撃的な気持ちでやるのではなく、温かい気持ち（救って差し上げるような）でやって下さいね。

## 供養アイテム⑤　米（ご飯）

米（ご飯）は六波羅蜜で言うところの「**禅定波羅蜜**」にあたります。

人ってお腹が空いているとイライラしたり、やる気が出なくなったりしますよね。

でもご飯を食べると、お腹が満たされてホッと精神が落ち着きます。

そのことから、ご飯は精神を統一し安定させてくれるものとして、**心を落ち着けて動揺しない「禅定」をあらわす**とされています。

「ご飯」と言っても〝密教〟の僧侶によると、仏様が欲しいもの（例えば、弁財天様だったら桃が良いとか、毘沙門天様だったら油餅が良いとか、病気平癒の祈祷をするときは薬をお供えすることもあるそう）をお供えするそうです。

ですが、一般のご家庭では「お米」をお供えするのが良いと思います。

**植えてから稲穂になるまで、ずっと太陽光を浴びて育つお米は、光のエネルギーそのものと言っても過言ではありません。**

仏教でよくとなえられる「南無阿弥陀仏（なむあみだぶつ）」は「阿弥陀仏に帰依（きえ）します」という意味の言葉です。阿弥陀仏の語源はアミターバ。アミターバは「無限の光」という意味になります。南無阿弥陀仏は直訳すると「無限の光に帰依します」という意味になります。無限の光は仏様そのもの。仏様にお供えしたお下がりのお米を食べると宇宙の無限の光（仏様）に包まれている感覚になります。

**お米に感謝して仏様にお供えすることは、仏様に感謝することにほかなりません。**

そして、そんな感謝の気持ちの循環が起こったら、なんて素晴らしいんだろう！という思いで、うちのお寺では、毎月の行事で仏様にお供えしたご飯のお下がりをお粥にしたものをみなさんにお振る舞いし、お粥に込められた無限の光を召し上がっていただいています。

# 供養アイテム⑥　灯明（火）

灯明は六波羅蜜で言うところの**「智慧波羅蜜（ちえはらみつ）」**にあたります。灯明の周囲を明るく照らす光は、**仏様の智慧を象徴**すると言われています。心の奥底にある迷いや感情をも照らし出し、真実へと導いてくれる智慧の光です。そして灯明の温かい熱は、仏様の慈悲を象徴すると言われています。熱が氷を解かすように、仏様の慈悲の「温もり」が、固く閉ざした心を解きほぐしてくれます。灯明は、六つの供養アイテムのなかでも特に重要なアイテムです。

「業報差別経（ごうほうしゃべつきょう）」という経典のなかには、灯明で供養を捧げると十種の功徳があると書かれています。

**【業報差別経　献灯の十種の功徳】**

**1**　世を照らすこと燈の如く…

灯明の灯りのように世を照らすような人になる。

2 所生の処に帰って肉眼壊せず…
生まれ変わった所において視力を失うことがない。

3 天眼を得る…天眼（すべてを見通す眼）を得る。

4 善悪の法に於いて善智慧を得る…善悪の法に於いて善い智慧を得る。

5 大闇を除滅する…自らの愚かさの闇が取り除かれて滅する。

6 智慧の明を得る…智慧（明）を得る。

7 世間に流転するも常に黒闇の処に在らじ…
生死を繰り返しても、常に迷いの闇に生まれることはない。

8 大福報を具す…大きな福徳・果報を受ける。

9 命終して天に生ず…命終したら天界に生まれ変わる。

10 速やかに涅槃を証す…速やかに涅槃（悟りの境地）に至る。

以上のように、灯明には素晴らしい功徳があります。

また、お釈迦様は遺言で、

**「自らを灯明とし、たよりとし、他人をたよりとせず。法（真理）を灯明とし、拠りどころとし、他のものを拠りどころとせず」**

という「自灯明・法灯明（じとうみょう・ほうとうみょう）」を教えたと言います。誰かに前を照らしてもらって生きるのではなく、自分自身が周囲を照らす明かりとなり生きていくことの大切さを灯明は教えてくれます。

**「一隅（いちぐう）を照（て）らす、これ則（すなわ）ち国宝（こくほう）なり」**

これは天台宗の開祖、伝教大師最澄の言葉です。

「それぞれの立場で精一杯努力する人はみんな、何物にも代えがたい大事な国の宝だ」という意味です。また最澄は、「一燈照隅（いっとうしょうぐう） 万燈照国（ばんとうしょうこう）」という言葉も説かれており、「一つの灯火だけでは隅しか照らせないが、その灯火が万という数になると国中を照らすことができる」とも仰っています。

はじめは誰もが、一つの灯火を掲げて一隅を照らすことでしょう。そしてどんなことがあっても、めげず諦めずにその灯火を照らし続けたら、やがてその灯火に気づいた人や救われた人たちが集まり、一灯二灯と灯りは増え、国全体を照らす灯りとなっていく。

まずは**今いる場所で自分自身が輝くことが、社会全体、国全体の輝きにつながっていく**というわけです。

置かれた場所で、まずは自分自身が灯りとなり輝こう。それが周囲の輝きとなり、国全体の輝きとなっていきます。

# 良縁を引き寄せる「塗香」活用法

**お香の香りは良縁を運んできてくれる効果があると古来より言い伝えられています。**

そんな良縁を引き寄せるために、一番気軽に生活に取り入れやすいのが塗香です。

使い方は手のひらにお香の粉末を少量取り、両手や手首に擦り込むだけです。体温によってほんのりと香りが立ちます。私は髪の毛にも擦り込みます。髪

【塗香】

の毛は「その人の念」や「厄」が非常に溜まりやすい場所だと言われているからです。

塗香によって邪気が祓われ身も浄められるので、悪縁が自然と絶たれていき、良縁だけが残っていきます。良縁に恵まれた日々を過ごすために、塗香を実践していただくことはとてもおすすめです。ぜひあなたも塗香を実践していただき、お香ならではの**〝奥ゆかしい雅で幽玄な香り〟**を身にまとってみて下さいね。

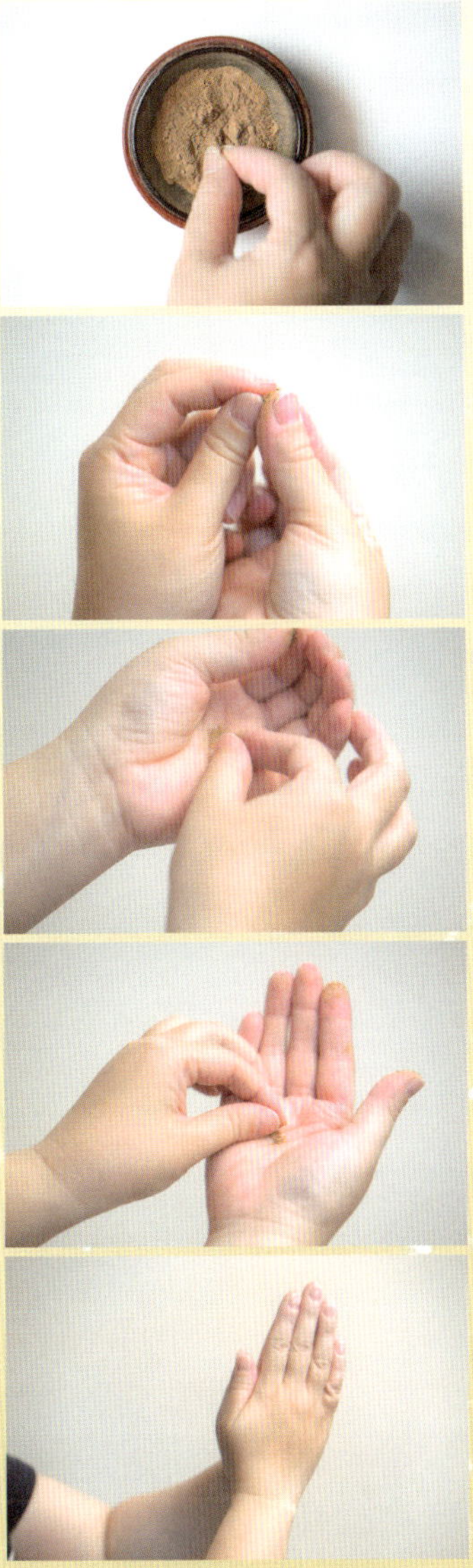

# 悪縁って？

ここまで「良縁の引き寄せ方」について書かせていただきました。そして、良縁に恵まれるためには悪縁を引き寄せないことも必要だと書かせていただきました。

**「悪縁」って、いったいなんでしょうか？**

心を傷つける人間関係や落ち着きがなくなる人間関係、人生にマイナスをもたらす恋愛関係や、どんどん借金が膨らんでいくビジネスとの関係など、あげていくとキリがありませんが、どうしてそんな縁が生まれるのでしょうか？

私は、「悪縁」が生まれるのは、自身の業（ごう）が深く関係していると思います。

業とは、何かをした結果自分に残るものです。先にご紹介した「阿頼耶識」にくっついて、自分が何かをしようとするときに縁となって考え方や行動に作用します。

**良い業があれば良い縁となり良い方向へ導かれますが、悪い業があれば悪い縁となって自分自身の考え方や行動に悪い結果をもたらします。**

たとえそのときの思いつきで取った行動でも、**業の果（結果）が縁（間接的原因）となって、良い方向へも悪い方向へも引っぱられてしまう**のです。

私がお寺に嫁いで間もないころ、尊敬する僧侶から「あんたは（悪い）業が深いからお寺に嫁いだんや」と言われたことがあります。言われた直後は少しムッとしましたが、ムッとしたのは本当にその通りだったからです。お寺に嫁ぐ前の私は、人とよくぶつかり対立したり、お世話になった方に恩を仇で返すような行動をしたり、とにかくはちゃめちゃな時期がありました。

そんな行動をしたのはそれまでの業の結果であり、そんなことをしていると悪い業がさらに深くなります。そんな当時の私を取り巻く環境は、当然「良縁」よりも「悪縁」に満ちていました。そんな私がお寺に嫁ぎ、自身の業の深さと向き合い、業を解消するためにまず取り組んだのが「懺悔する（謝る）」ことでした。

仏様の前で自分の行いを省みて謝りました。

**悪い業が深いということは、それだけ自分の幸せを望まない存在も多いということです。**

自覚のないもの、目に見えないものも含め、自分の抱えているすべての業に対して、仏様のお力をお借りして謝りました。具体的には、僧侶とともに仏様にひたすらお参り（読経）をしました。

そんなある日、「あ、業が解消された」と感じる出来事がありました。その日も僧侶とともに仏様にお参りをしていたのですが、私が「南無阿弥陀仏」ととなえていると、膝に抱えていた当時二歳の息子が急に私を見上げて睨みつけ、私の口を両手で塞いで「やめて」と言ったのです。

そのときの息子の顔は二歳児の顔とは思えない大人の表情に見えました。それでも私が「南無阿弥陀仏」ととなえ続けていると、今度は床に置いていた車のおもちゃを手に取り私の口に突っ込んできて、「やめて、言わないで」と言ってきたのです。

私はテレビの心霊番組で見るようなこの状況に冷や汗が出る心境でしたが、「そうか、**これが私の抱えている悪い業なんだ。**それが今自分の息子を使って邪魔しにきたんだ」と思い、モゴモゴとなりながらも「南無阿弥陀仏」をとなえ続けていたら、僧侶の読経が終わった瞬間に息子もコテンと眠りにつきました。

そのとき、根拠はないのですが「あ、業が解消されたんだ」と心の底から感じました。それは体験したことのない不思議な感覚でした。

その日を境に、お寺の雰囲気がさらに清々しく明るくなり、不思議なことにしょっちゅう風邪を引いていた息子が滅多に風邪を引かなくなりました。

そのときお経を上げていただいた僧侶によると、

**悪縁は自分の身近な一番弱い存在に影響を与えるんだそうです。**

常日頃の行いのツケは、大切な身内にも回されてしまうのだなと心底反省したことを覚えています。

その体験をしてからというもの、私は自身の悪い業を解消する行いを意識して過ごすようになりました。普段の生活のなかで肉や魚などの命をいただいていたり、普通に生活していても毎日罪を重ねているわけですから、日々の供養は欠かせません。そんな気持ちで周囲を見渡してみると、白アリ業者が白アリ供養のためのお墓を作っていたり、お寿司屋さんがお魚の供養をされていたりと、日本人のなかには自然と供養の心が受け継がれているんだなと気づきました。

# 二四時間仏様へ供養を捧げる

尊敬する僧侶から教えていただいて始めたことがあります。それは常灯明・常香です。

常灯明・常香とは、常に灯明と焚香(ふんこう)を欠かさないこと。焚香は常香盤で行います。常香盤は仏具の一つで、本堂で常にお香の香りを漂わせておくものです。

天台宗の開祖である伝教大師最澄が開山した比叡山延暦寺の根本中堂には、最澄自らがおこしたと言われる灯明「不滅の法灯」が受け継がれており、開山以来一二〇〇年もの長きに渡って灯され続けているそうです。

そして万が一、この灯明が消えてしまったときの備えとして延暦寺で焚かれ続けているのが**「常香盤のお香」**だそうです。

私は尊敬する僧侶から**「常灯明と常香は一番の供養になる」**と教えていただき

ました。

この常灯明・常香を始めてからというもの、お寺の雰囲気が一気に明るくなりました。表現が難しいのですが、お墓のある場所に行くとおどろおどろしい感じがしたりしませんか？　うちのお寺もお墓があるので、そんな雰囲気があったのですが、それが一切なくなりました。

お越し下さるみなさんからも「お寺じゃないみたい」「明るくて清々しい」「居心地が良い」などのお声を多くいただくようになりました。

きっと、ろうそくとお香による供養がお寺の隅々まで行き渡り、お寺の雰囲気が明るくなったのだと思います。

また、常香盤のお香は卍の形になっています。卍は仏様の三十二相の代表で、仏様の胸にあるしるしです。そこには、常香盤の煙に当たった人が三十二相を備えた仏様の体を獲得できますようにという願いが込められています。

【仏の三十二相】無量義経徳行品第一より　釈尊の身体にある三十二の良い特徴

1　額にある月のような渦毛
2　項（うなじ）に日の光あり
3　渦巻く頭髪は紺青色
4　頭上は高く盛り上がっている
5　澄み切った鏡のような清らかな眼
6　その眼は上下にまじろぎ
7　紺色の眉はのびのびとし
8　口や頬は正しく整い
9　唇は赤い花のよう
10　舌も同じく
11　歯は雪のように白く
12　四十本きちんと揃って

13 額は広く
14 鼻長く
15 顔全体がひろびろとして晴れやかで
16 胸には卍があらわれ
17 上部は獅子の胸のように張って
18 手も足も柔らかで
19 そして車の輪のような紋がある
20 脇の下と掌に細い線が揃っていて
21 それが内外ともにまとまっている
22 上腕は長く
23 下腕も長く
24 指は真っ直ぐで細く
25 皮膚はキメ細やかで柔らかく
26 毛はすべて右の方に渦巻いている

27　踝（くるぶし）はよくあらわれて形がいい
28　膝も同様
29　陰部は隠れていて見えず
30　筋は細く
31　骨はがっしりしていて
32　脚は鹿のようにすらりとしている

【常香盤】

# 2章

# 心を浄化し感覚を研ぎ澄ますお香

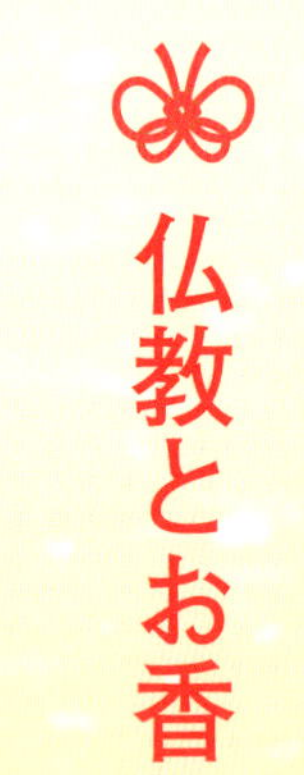

# 仏教とお香

私は普段、お寺でお香を手作りしていただく講座を開催しています。お寺に嫁ぐ前から、かれこれ九年近く手作りお香講座の講師をさせていただいています。私は「お寺」という場所でお香を作る講座を開催することはとても意義のあることだと思っています。というのも、お寺で手作りお香講座を開催するようになってから、生徒さんたちの反応が明らかに変わったからです。

**「イライラすることが多かったけど、ここに来るようになってからそれがなくなった」「いつも穏やかな心でいられるようになった」**というお声をよくいただくようになりました。

それまでも、**「お香を焚くと優しい気持ちになれます」**といったお声はいただいていたのですが、お寺でやるようになってからは、生徒さんの顔つきや話し方が優しい雰囲気に変わっていくのを目の当たりにしてきました。きっと**「お寺」**

**という場所が、お香の持つ力を最大限に引き出してくれた**のだと思います。お寺では、必ずと言っていいほどお香が焚かれています。みなさんも、お墓やお仏壇を前にお香を焚かれるのではないかと思います。

**これについて、〝どうして？〟と思ったことはありませんか？**

実は、仏教とお香のあいだにはとても深い関係があるんです。仏教では、お香を焚くことで不浄を祓い心を浄めるとされていて、仏前でお香を焚くことは供養の基本です。また古来より、沈香（じんこう）や白檀（びゃくだん）の天然香木の香りこそがお香とされていました。香木は、お香として焚かれるだけでなく、仏像や仏具の材料としても使用されます。

**また、経典にもお香についての記述が多くあり、仏教とお香は切り離すことのできないものです。**

お香自体は、紀元前三〇〇〇年以上も前のメソポタミア文明のころにはすでに存在しており、その後、仏教の発祥地となるインドにもお香が伝わり、日本には仏教とともに伝わったと考えられています。

# 鎮静作用の高い香木「沈香」

**仏教伝来とともに日本に伝わったお香。**

昔から、お香の調合の際に主原料として用いられていた香木「沈香（じんこう）」には**「鎮静」の作用があります。**沈香はジンチョウゲ科の常緑高木のなかに樹脂が凝結してできたものです。数百本の原木に対して数本の割合でしか採れない希少価値の高い香料です。

以前、「相談にのってほしい」とお寺にお越し下さった方で、お越しになった瞬間から、ずっと怒っていた方がおられました。

普段抱えている世の中への不満が爆発しているようでした。こちらが何を言って諭してもその怒りはおさまらなかったのですが、その場にいたある僧侶が「坊守さん（私のこと）、ごめん、沈香のお香持ってきてもらえる？」と小声で私に言いました。私はすぐに、とびきり良い沈香をその僧侶へ手渡しました。

そして沈香を焚き始めると、なんと怒っていた相談者の怒りがスーッとおさまったのです。怒りに満ちていたお顔も元のお顔へ戻っていました。

沈香には鎮静作用があると知ってはいたのですが、まさかここまでのものとは思っていませんでした。僧侶からも「沈香がよう効きましたわ。坊守さんありがとう〜」と言われました。

また、別の日の沈香を使ったお香講座の際にも、「さっきまで怒ってたんですけど、お香を作り始めたら怒りがおさまってきました」と仰る生徒さんもいらっしゃり、そこでも改めて沈香の鎮静作用に驚いたのでした。

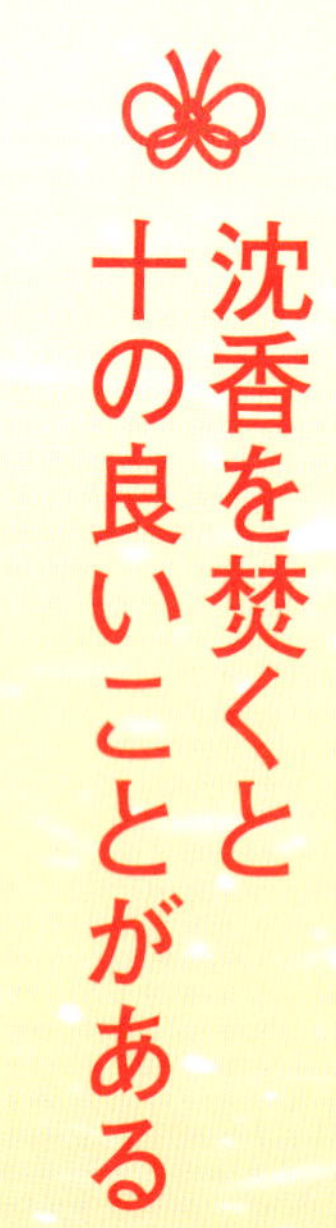

# 沈香を焚くと十の良いことがある

実は沈香には、鎮静作用もさることながら、古来より「**十徳**」があると言われています。

①感格鬼神　感覚が研ぎ澄まされる
②清浄心身　身も心も清らかにする
③能除汚穢　よく穢れを取り除く
④能覺睡眠　眠気を覚ます
⑤静中成友　静けさのなかに安らぎを得る
⑥塵裏偸閑　忙しいときにも心を和ませる
⑦多而不厭　多くあっても邪魔にならない

**⑧寡而為足**　**少なくても十分香りを放つ**
**⑨久蔵不朽**　**長い年月保存していても朽ちない**
**⑩常用無障**　**常用しても無害**

これらは「香十徳（こうじっとく）」と言われ、北宋の詩人黄庭堅によって記された漢詩で、一休宗純（一休さん）によって日本に広められた沈香の十の徳です。

**特に①の「感覚が研ぎ澄まされる」は、私が普段沈香を焚いていて一番体感しているところです。**沈香の香りを嗅ぐと、脳の記憶や感情に関わる海馬と扁桃体というところが刺激されます。それによって、記憶力や集中力が高まると言われています。

**記憶力や集中力が高まると、まさに感覚が研ぎ澄まされます。**

感覚が研ぎ澄まされると、日常のいろんなことがスムーズに進むようになります。ささいな空気の変化にも敏感に気づけるようになり、常に自分の周りを良い空気で満たせるようになりますよ。

# 毎朝お香を焚くことで集中力が高まる

**「お香っていつ焚いたら良いんですか？」とよく聞かれます。**

私は、毎朝晩に焚かれることをおすすめしています。朝にお香を焚くのが良い理由は〝夜のあいだに溜まった悪い気をお香によって浄化するため〟ですが、それ以外にも、お香の香りは集中力を高めてくれる作用を持っていますので、朝にお香を焚くことで、その日一日、より充実して過ごすことができるからです。

私たちにとって、集中力は物事をスタートさせるために欠かせないものであり、そのあとの目標達成のためにも、いかに集中力を高めていくかが重要です。ですが、常に集中力を維持していくことは難しく、これを実践しようと思うと必要以上の緊張に悩まされかねません。なので、集中力は自らコントロールすることが必要です。

**そのために便利なのが、お香の力を借りることです。**

お香の香りは鼻から入り、脳を刺激します。これによって意識的な緊張状態を生み出しやすくなり、結果として集中力が高まっていきます。集中力が高まれば、仕事はいつも以上にはかどりますし、家事だってこれまでより短時間で多くのことをこなしていくことができるかもしれません。また、勉強においても、集中力の高まりは記憶力の向上ともつながっていきますので、学習効率が高まっていくことが期待できます。

**毎朝、自宅でお香を焚くことは、働くお父様やお母様、それに学生のみなさんなど、老若男女すべてのみなさんにメリットをもたらしてくれるのです。**

## 毎晩お香と対峙することで自分の内面が見えてくる

初めてお香を習いに来られた生徒さんがよく発せられるのが、「おばあちゃんの家を思い出す」「昔住んでいた家がこんな香りだった」という言葉です。

私たち日本人にとって、お香の香りは記憶のなかに刻まれているもので、親しみやすいものだと思います。また、リラクゼーション効果が得られると広く知られているため、夜、寝る前に安眠効果を期待してお香を焚く方もおられるのではないでしょうか。

**お香の香りは、嗅覚から大脳へダイレクトに伝達され、アルファ波やエンドルフィンが分泌されるため、安眠に効果的だと言われています。**

また、感情や記憶を司る大脳辺縁系に直接働きかける作用があるので、夜にお香を焚くことで**自分の内面とより深く向き合っていく**ことができます。

慌ただしく過ごしていると、なかなか自分と向き合う時間は取りづらいものです。過ぎ去っていく日々を振り返る暇もなく日々の現実が押し寄せてくるので、自分と向き合うためには意識してその時間を確保していかなければなりません。

そのための手段として、**お香を用いることはとても理にかなった方法と言えるのではないかと思います。**

お香の香りはその場の雰囲気をガラッと変えてくれます。

自分と向き合うための時間に入る際、お香を焚くことでその場の雰囲気が演出されていくので、お香の香りが記憶と直結し、雑念が浮かんでも引き戻してくれます。

先にも触れましたが、お香の香りは脳に直接的に働きかけ、脳内ホルモン物質の分泌を活性化させてくれます。その結果、ヒーリング効果が得られたり、アドレナリンをはじめとする興奮物質を抑制して鎮静作用が働くため、自分を見つめ直すには最高の環境となっていくのです。

**自分自身と向き合う時間は、必ずあなたをより美しくしてくれることでしょう。**

なぜなら、お香を包んでいる紙もお香の香りがするように、あなたの心がより綺麗なものとなることで、それが表面へと溢れ出してくるからです。

## お香で時間をはかり、感覚を研ぎ澄まそう

## **お香はその長さによって、おおよその燃焼時間が決まっています。**

一般的な長さは約一四センチ、燃え尽きる時間は約三十分です。お香の燃焼速度は安定しているので、昔から時間をはかるのに使われていました。江戸時代、遊郭ではお香が一本燃え尽きる時間で遊ぶ時間をはかっていました。

そのころは、お香を使った時計「香時計」で時間をはかり、決まった時間に寺院が鐘を鳴らして一般市民に時間を知らせていたようです。現在でも、東大寺二月堂の「お水取り」は香時計に従って進められています。

**禅寺では坐禅の時間をお線香ではかります**。坐禅の時間をはかる単位は一炷（いっちゅう）と呼ばれています。「一炷＝何分」と決まっているわけではなく、お線香の燃え尽きる時間を一炷と数えます。

時計に頼らず、お香で時間をはかっていると、香りに意識が向いてゆったりとした時間を感じられますし、五感が刺激され、感覚が研ぎ澄まされていきます。

# 香りと煙で空間を浄め、お部屋をパワースポットにしよう

**風水の世界では、良い香りは運気を上げてくれると言われています。**

特に、お香を焚くと、香りと煙の両方の浄化作用で悪い気を断ち切り、場の空気をリセットしてくれると言われています。

私の手作りお香講座の生徒さんたちも、いつも講座に来てお香の香りを嗅いだ瞬間に、それまで自分の抱えていた感情がリセットされるとよく言っています。

日々の生活に追われていると、知らず知らずのうちにマイナスの感情や悪い気を背負ってしまっていることがあります。

そんなマイナスの感情や悪い気を、これまた知らず知らずのうちに自分のお部屋に持ち帰ってしまっていることがあります。

「お部屋がなんだか居心地が悪い…」「空気がよどんでいる…」と感じたら、それは浄化が必要なサイン。

**お部屋のなかの風通しの良い場所でお香を焚きましょう。**

焚くお香は殺菌作用の高い「白檀（びゃくだん）」がおすすめです。

私はいつもお掃除のあとに白檀のお線香を焚くのですが、お寺に来るお客様が口をそろえて、「なんて気の良いところだ」と仰って下さいます。

白檀には殺菌作用があるとされているので、この白檀のお線香をお掃除のあとに焚き、煙を部屋全体に行き渡らせてから窓を開けると、それまでの部屋の空気が一気に浄められ、とてもスッキリします。お掃除のあとに白檀のお線香を焚くのはとてもおすすめですよ。

# 心を浄化し感覚を研ぎ澄ます お香の焚き方

私はいつもお香を焚く前は、まず場を整えることから始めます。場を整えていると、自分の頭のなかの雑念や心のなかの余分な感情が、自然と整えられていきます。そして、深呼吸をして、お香を仏様に捧げる気持ちで献香文を読み上げながらお香を焚き始めます。

〈献香文〉

願此香煙雲（がんしこうえんうん）　遍満十方界（へんまんじっぽうかい）
無辺佛土中（むへんぶつどちゅう）　無量香荘厳（むりょうこうしょうごん）
具足菩薩道（ぐそくぼさつどう）　成就如来香（じょうじゅにょらいこう）

願わくばこの香煙の雲　十方界に遍満し
無辺の佛土のなかを無量の香にて荘厳し
菩薩の道を具足し　如来の香を成就せん

私は、密教のある阿闍梨様から、「この献香文をとなえると仏様に届くという気持ちでお香を焚くと、確かに届く」と教わりました。

そして、阿闍梨様は、実際に、お香の香りが、その香りを届けたいと思った人のところへ届いたときのお話もして下さいました。

それは、阿闍梨様が病気を抱えた子供のために一生懸命ご祈祷をされていたときのことです。ご祈祷を終えてすぐに、遠く離れた場所にいるそのお子様の親御さんから連絡がありました。そして、「子供が『阿闍梨さんが頭を撫でてくれる夢を見た』と言った」と言われるのです。さらに「阿闍梨さんのお香の香りがする」とも言ったのだそうです。

阿闍梨様はそのお話を聞いたときとても感動したそうです。

そんなふうに、現世でさえ届けたいと強く願えば届くのだから必ず仏様にもお香の香りは届くよ、とお話しして下さいました。

**なのでみなさんも、献香文をとなえるときは、「お香の香りは必ず仏様に届く」という気持ちでとなえながら、お香を焚いて下さいね。**

# 3章

# お香を手作りするからこそ生まれる効能

# お香を手作りすることで得られる癒やし

ストレス社会と言われる現代、決して望んだわけじゃないのにストレスが波のように押し寄せてきて、心がむしばまれてしまった経験は、きっと誰にでもあることと思います。世間では、そんなストレスを解消するためのリラクゼーショングッズが、各分野で注目を浴びていますね。

いろんな商品が販売されているのを見かけますが、なかでもやはり五感を満たしてくれるものは、直接的な癒やしの感覚を得やすいように思います。

**お香の良い香りも、五感の一つ「嗅覚」から入って脳を刺激し、私たちに癒やしの感覚を与えてくれます。**

そして、リラクゼーショングッズのなかでも、今ひそかに人気なのが〝**自分で作れる**〟ものです。お香をはじめ、ポプリやアロマやせっけんやブーケなど、自分の手で世界に一つしかないものを作っている時間は、何にも邪魔されず自分だけに集中できる贅沢な時間です。

自分に集中し、作っている手先にも集中することで得られる満足感は大きく、〝作る〟感覚が五感を刺激し癒やしをもたらしてくれます。

私もお香を作っているときは、いつもお香の良い香りに包まれながら、手先に集中して自分だけの優雅なひとときを過ごさせていただいています。

そして、作ったあとに使用するときもまた、良い香りとともに、より充実した時間を過ごすことができます。

**「自分で作る」ことは、作っているとき、そして、作り終えて使用するときも、みなさんにかけがえのない癒やしをもたらしてくれることと思います。**

# お香を手作りすることで得られる浄化

**お香の煙は空間を清らかにし、邪気を取り払うと言われています。**

仏教に限らず、キリスト教やイスラム教など、さまざまな宗教においてもお香が浄化目的で使われている背景から、また、その国境を越えた幅の広さや歴史の深さからも、十分な根拠を持っていると思います。

私たち人間は、普通の生活を送っているだけでも心にネガティブな気を溜め込んでしまい、自宅へと持ち帰ってしまいます。部屋の空気がなんだか重い、疲れているわけではないのに体がだるい、といった経験は誰にでもあるのではないでしょうか。

そんなときは先述した通り、ぜひお香を焚いて空間のお掃除をして下さい。

なぜ、お香が浄化作用を持っているのかと言うと、

**お香の良い香りはポジティブなエネルギーを発しているため、ネガティブな気を追い払ってくれるからです。**

ある意味、掃除や洗濯と同じで、気分的なリフレッシュ効果が得られます。そして、火の力を借りるので、悪いものを焼き祓い浄化を図る点もあげられます。部屋のなかで火を使うのは限られたときだけです。お香はその一つにほかなりません。

**興味深いのは、お香がネガティブな気を可視化するとされていることです。**

浄化作用のあるお香の煙は悪い気を持つ場所へと集まっていきやすいため、浄化されていく光景を目の当たりにすることができます。

お香には殺菌作用という実用的な効能もあります。

例えば、白檀を中心に配合する浄化香であれば、天然の殺菌作用を調合することで、その煙は殺菌作用を持ったものとなります。お掃除の際などに焚いておくと、お部屋が浄化され、とてもスッキリした気持ちになれます。

## お寺でお香を作るということ

お寺にお香作りを習いに来て下さっている生徒さんたちのなかには、みるみる人生が好転していく方がたくさんいらっしゃいます。

**それは、お寺が仏様と太い回線でつながっているからだと思っています。**

私たちと仏様のあいだにはインターネット回線のような回線があり、そこにつながるパスワードが「南無阿弥陀仏」です。**インターネット回線が定期的にアップデートをしないとつながりにくくなるように、仏様との回線にもアップデートが必要です。**

仏様との回線のアップデートとは、具体的にはお墓参りなどの供養です。普段供養も何もされていない方が、何かあったときだけ急に「南無阿弥陀仏」ととなえても、アップデートされていないネット回線と同じように、つながりにくかったり、やっとつながった！と思ったらフィッシングサイトだった…ということにもなりかねません。

お寺に定期的にお越し下さる方は、いわばタブレットを持っているようなもの。お寺にお越しいただいた際にはそのタブレットが回線につながり、パスワードを入力すれば自動的にアップデートされるのです。

# 生徒さんからのお香作り体験談

実際に、お寺にお香を習いにお越し下さっている生徒さんのなかで、お寺に来るたびどんどん仏様との回線がアップグレードされていった方のお話をご紹介します。

「最初に、お香の素晴らしさとお寺様、またお香の先生でいらっしゃる奥様とのご縁に感謝申し上げます。ご縁とは人それぞれに訪れるものなのでしょうが、ときとして大切なご縁に気づかず、せっかくのご縁を逃してしまいがちです。わたしの場合、お寺様とのご縁、先生からお香を学び日々お香と共に過ごす素晴らしさを教えていただけるご縁のおかげで、わたしの環境は一変しました。

わたしは若いころから匂いに敏感であったとは思います。山のなかの植物の香りを臭ぎわけたり、味覚などにも敏感でした。それゆえに、困ることもしばしばでした。匂いとは感じたそのころの記憶と密接で、匂いによって過去の辛い思い出など、一気にそのころに引き戻されたりいたします。
しかしそれとは反対に、知らず知らずのうちに生活のなかで親しんだ墨の香りや、記憶のもっと奥の方にある香りが、癒やしになることがあります。

**墨しかり。山の森林の香り。腐葉土と混ざる花の香り。草刈りをしたあとの多くの種類の草の混ざった香り。野焼きの香り。お寺の香りなどです。**

数年前に、奈良のお寺で匂い袋を購入したことがあります。
その香りは、科学的な合成香料とは違い、深みのある香りで、今までの匂い袋のイメージを一変しました。興味を持ったため販売元に連絡し、匂い袋の香りの原材料がなんなのかおたずねしましたところ、天然香木の調合であるとお教えいただけました。そのときは、なるほど、天然香木とはこんなに素晴らしい香りがするのだと納得しただけで終わってしまいました。

去年の秋、お寺様の**『お香を身近に楽しみませんか？』**という体験講座のご案内が目に留まり、このフレーズに衝撃を受け、迷うことなく体験講座の申し込みをさせていただきました。身近にお香が体験できるなど考えたこともなかったので、二度体験講座を受講させていただき、もっと勉強したいと思わずにはいられなくなったことは言うまでもありません。

お寺でお香を習うという一連の流れは、身体も心も癒やされ、疲れが取れるというレベルではなく、香木の霊力のお陰か、新たな考えがふと浮かぶことがあったり、また、モヤモヤして納得がいかなかったことが、闇が晴れる如くクリアになったことは数え切れません。

**まさに自分に必要な空間であり、大切な時間であると感じました。**

受講を重ねるごとに、身構えること（新しいことを習うときの緊張からくる肩の力）などが削ぎ落とされていく感覚をも体験させていただき、お寺のご住職、またお香の先生である奥様との時間が、お香と触れること同様、心の平安になりました。

**自分ではなかなか気づかなかったのですが、優しい心を保てるようになったのでは？と思います。**日々の生活に追われついついイライラしてしまいがちですが、お香を聞きますと、まず何をすべきか、頑張らなくても優先順位が決まりストレスなく前に進めるので、行動も心持ちも変化しました。

体験講座だけでなく、本格的に勉強させていただけることとなり、毎日、家でもお香を薫き、**一つひとつ丁寧に香りを聞いております。**

香りもさることながらお供香（ぐこう）の意味、香木の貴重さ、お香の奥深さ、仏教ととても縁が深いお香の歴史などなど、知れば知るほどなるほどと納得させていただけます。五十の手習いですが、好きなことだらけのお勉強が始まり、体験講座ではただただいい香りにうっとりでしたが、本格的に勉強となると、**ますますお香とは、自分を見つめることでもあると気づく毎日です。**

趣味の域を抜け、ご先祖を大切にすること、今自分の置かれた立場ややるべきことや、一見大変に思われることにも、感謝の気持ちも持って行動できるようになりました。

**習えば習うほど、本物の香りの効能や、本物の香りに包まれれば心が変わり、道が開けるという不思議な経験をしております。**

お寺様で、本格的にお香の勉強をもっとさせていただきたいと思ったとき、『清掃、断捨離、拭き掃除をしなさい』と声なき声が聞こえ、今まで苦手でどうしようもなかった掃除や片付けが、ストレスなくできるようになりました。これには、わたし本人が一番驚いております。なぜそうなったのか、わたし自身わからないのです。自分ではないようだと申しても過言ではないのです。

当たり前のことができなかったと、ただただお恥ずかしいことではございますが、家族もびっくりするほどの断捨離ができました。お香を習うならそうしなければと感じたのです。

また、習った天然香木の匂い袋を、友人に贈りましたところ、『夫婦仲が良くなったわ』『よく眠れるようになりました』『こんな良き香りは体験したことがない』などと、大層お喜びいただけました。

まだまだお香の勉強を始めたばかりではございますが、歴史書や哲学書のなかの言葉も、すーっと身体に入って参ります。立派な言葉の数々を、頭ではなく心身で理解できるようになりました。

心身で理解できますと、身体の無駄な力が抜け、ネガティブな感情や心配事が、自然に優しさに変わり、そして光に変わります。心に燈明があらわれるという感覚です。

## 『自分が変われば、環境が変わる』

何度となく耳にする当たり前のこの言葉通り、無理なく自然に変わることができたとき、ブレなくなります。

**『わかる』ということでしょうか？**

そうすると、おのずと環境が変わります。仏教の『四諦（したい）の教え』にもあるように、修行し、乗り越えて、わかる、あるいは受け入れるということでもあるように思います。お香の勉強のなかで教えていただいたお言葉です。

また、お香に携わるようになり、**良縁に恵まれるようになりました。**困ったことがあったときも、ただただお香を聞き合掌しますと、無理なく悪縁が消え、良縁ばかりが次々と訪れるようになりました。

**本当に不思議です。**

自宅の窓を開けお香の煙が風に乗り裏の広い空き地に広がっていく様はとて

も美しい光景です。伊勢湾台風をキッカケに何十年ものあいだ、持ち主の行方がわからず空き地だったこの広い場所に、先日、急にご遺族が何十人もお集まりになり、都市開発のため工事が始まりました。また、ご近所様で、ご苦労のあまり笑顔がなかった方々も、最近は優しい笑顔でいつも立ち止まりご挨拶して下さったりと、不思議なことが次々と起こります。それはひとえに、わたし自身がお香を学ばせていただくことで優しくなれたのだと思っていましたが、それだけでなく、お香の不思議な力が風に乗り土地を浄化し良き方へ導いて下さったと思わずにいられません。

無心にお香を聞き、手を合わせることで、平安な心になれたのかもしれません。

**謙虚、感謝、継続、香。**

**この四つを身につけて参りたいと思います**」

いかがでしょうか。

仏様とつながる回線が太くなると、ご本人だけでなく、ご本人を取り巻く環境もどんどん光輝いていくのです。

## 母の愛のような仏様の存在

**私が仏様とのつながりを強く感じた出来事があります。**

それは、お寺に嫁ぐことを悩んでいたときのことです。

私には一つ、気がかりなことがありました。それは、自分が子供の出来にくい体だということです。若いころに、大きな病気にかかったことが原因なのか、私は子供が出来にくい体でした。でもそればかりは、悩んでも自分の力ではどうすることもできないので、その思いを嫁ぎ先のお寺の仏様へぶつけてみることにしました。

仏様の前に座らせていただき、私は心のなかで、**「私は子供が出来ないかもしれません。それでもこちらの嫁にならせていただいても良いですか？」**と仏様に投げかけました。

そうしたらその瞬間、眩いばかりの光が仏様のお顔を照らしたかと思ったら、**仏様がにっこりと優しいお顔をされたのです**。その瞬間を見たのは私だけではなく、住職も立ち会って下さっていたので、私と同じようにびっくりして目を丸くされていました。

仏様が喋ったわけではないのですが、私はそのとき**「大丈夫」**と言っていただいたんだと受け止めて結婚を決意しました。そうしたらなんと、結婚してすぐに子供を授かったのです。それだけでも自分にとっては信じられない出来事だったのですが、住職は「子供は絶対に出来ると思っていた。仏様が授けて下さったんだから、お寺が絶えることがないように絶対男だと思う」と言うのです。
子供が出来ただけでも嬉しかった私は性別など気にもしていなかったのですが、のちに判明した性別は、本当に男の子でした。

## お寺でお香を教えているのは仏様の光を届けたいから

お寺という場所は、手放すという生命の本質に沿った行動が身につく場所だと思います。

**人間は死ぬとき、あの世に何も持っていくことができません。**

遅かれ早かれ、すべて手放す瞬間がやってきます。死の瞬間に初めて、仏様の光に気づく方もいらっしゃるでしょう。

でも私は、自分ではどうにもできないこと（子供が出来ないかもしれないこと）を仏様に打ち明けすがりついたときに、**仏様の大きな光を感じました。**それはまるで、母の無償の愛のような温かい光でした。その出来事から、私の人生は「すべて仏様にお任せ」スタイルに変わりました。というか最近は、住職も私も仏様の鵜飼の鵜のようなものだなと感じています。お寺に入ってから、確かに、自分の力ではない他力というものを何度も肌で感じ、自分の力でやっていると思っていたことも、すべて仏様のお計らいだったんだと思うようになりました。

**良いことも悪いこともすべて「仏様からのメッセージ」**と受け取るようになり、そのメッセージに従って生きていたら、「**生かされている。幸せ**」と感謝が溢れるようになりました。

うちのお寺のご本尊は阿弥陀如来様なのですが、如来様は如（真理）が来ると書きます。

真理はいつも、私たちに手を差し伸べてくれています。仏様はいつも、私たちのことを救いたくて仕方がないのです。

**そんな仏様のご恩に報いようと「仏様が喜ぶこと」を考え自分なりにやっていたら、さらに感謝に溢れる人生になりました。**

先述した通り、仏教でよくとなえられる「南無阿弥陀仏」は、直訳すると「無限の光に帰依します」という意味です。今日も私は有り難く仏様の掌の上に転がらせていただき、お寺にお越し下さったみなさんに、お香を通して仏様の無限の光をお届けすることに励んでいます。

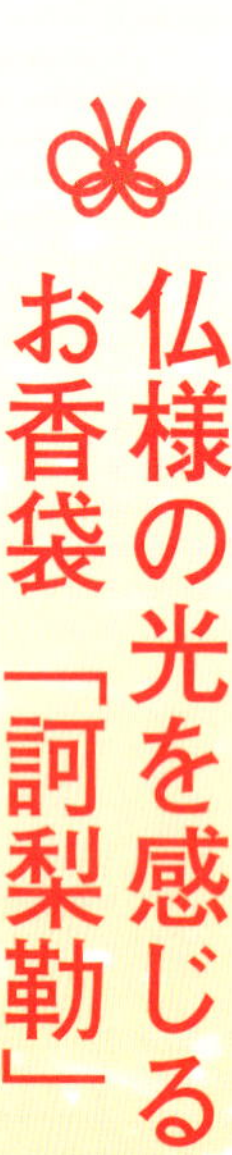

## 仏様の光を感じる お香袋「訶梨勒」

## みなさん「訶梨勒（かりろく）」ってご存知ですか？

「訶梨勒」というのは、新年や慶事の席に飾られる袋物のこと。なかには、お香と訶子（かし）の実が入っています。古来、薬用の実として大切に保存されていた訶梨勒（訶子の実）が**病を治す霊力**を尊ばれ、現在はお守りがわりとして袋物に形を変えたものと考えられています。

お香とひとことで言っても、その種類はさまざまで、講座でも匂い袋やお線香など、いろんなお香作りをしています。そんな数あるお香講座のなかでも訶梨勒を作る講座は特に人気が高く、毎回満席をいただいております。

私は今まで、この訶梨勒をたくさんの方に作って差し上げてきました。

そのたびに、差し上げた方の引きこもりが解消されたり、ずっと決まらなかった就職が決まったりと、何度もこの訶梨勒の功徳を目の当たりにしてきました。

と言っても、科学的な根拠はないので、それが訶梨勒のお陰ですとは言えませんが、訶梨勒を差し上げてすぐに長年抱えていらっしゃった悩みが解消されているので、**よほどこの訶梨勒には仏様の願いが詰まっている**のだと感じています。

お香や仏教の勉強をしていると、大切な人に、その大切な人を助けてくれるものを袋に入れて渡すシーンが出てきます。

例えば、お釈迦様の入滅が描かれた釈迦涅槃図には、お釈迦様のお母様の摩耶夫人が、病を治す実の入った薬袋を自分がいる天界から地上のお釈迦様に向けて投げる姿が描かれていたり（一説による）、古事記には、ヤマトタケルが旅立つときに、叔母のヤマトヒメ（伊勢神宮の最初の斎宮（さいぐう））が小さな袋を手渡し、ヤマトタケルがピンチの際、その袋から出てきた火打ち石で命が助かったことが書かれています。

私もそこからヒントを得て、訶梨勒のなかにそのときにその人に必要だと思うものを入れてお渡ししたりします。お香や仏教に触れることは、知識や智慧を得るだけでなく、そういった昔の人の気遣いに触れることでもあります。

**大切な人に袋を持たせてあげるのは、神代以来人々が持つ気遣いの心の象徴です。**

昔から霊力があると尊ばれ、日本古来より伝承されてきた訶梨勒。時代とともに、当初のものから時代に合った姿に形を変えながらも、何百年も経った今もなお受け継がれているのは、きっと訶梨勒が持つ厄除けの力を、日本人の心がしっかりと感じてきたからだと思います。

もちろんほかでもない私自身も、常日頃からこの訶梨勒の厄除けの力を感じております。

そんな厄除けのお香「訶梨勒」の作り方をご紹介します。

**ぜひみなさんも、大切な人を助けてくれるものをこっそり訶梨勒に忍ばせて、作って差し上げて下さいね。**

# 厄除けのお香「訶梨勒」の作り方

訶梨勒作りは、訶梨勒の実と、一年の月数を示す十二種類の香木や香原料を袋に納め、組紐で結びを施して吊り下げます（閏年には十三種類が納められます）。

**昔から霊力があると尊ばれてきた訶梨勒。**

組紐で施す飾り結びは、神仏のみわざであり、人にあっては祈りそのものです。それだけ、訶梨勒を作る作業は神聖で尊い作業ですので、みなさんも心を鎮め、精神を集中して取り組んでいただけたらと思います。

それでは、さっそく訶梨勒を作っていきましょう

【訶子の実】

【訶梨勒】

## ①袋を縫う

まずは心を落ち着け、精神を集中しましょう（ご自身に合った方法でかまいません）。訶梨勒の袋を縫っていきます。

【準備するもの】

・生地
・型紙
・組紐約3.3ｍ
・綿
・訶子の実
・お香原料12種（閏年は13種）
・定規
・千枚通しまたは目打ち
・セロテープ
・湯のしのためのやかん
・お湯
・お湯を沸かすための設備
・裁縫道具（縫い針・糸・はさみ・チャコペン）

①布を中表にして半分に折り、折り目に型紙のカーブの方を合わせ、型を取る。

②布切りバサミで型通りに切る。
※折り目を切ってしまわないようご注意下さい。

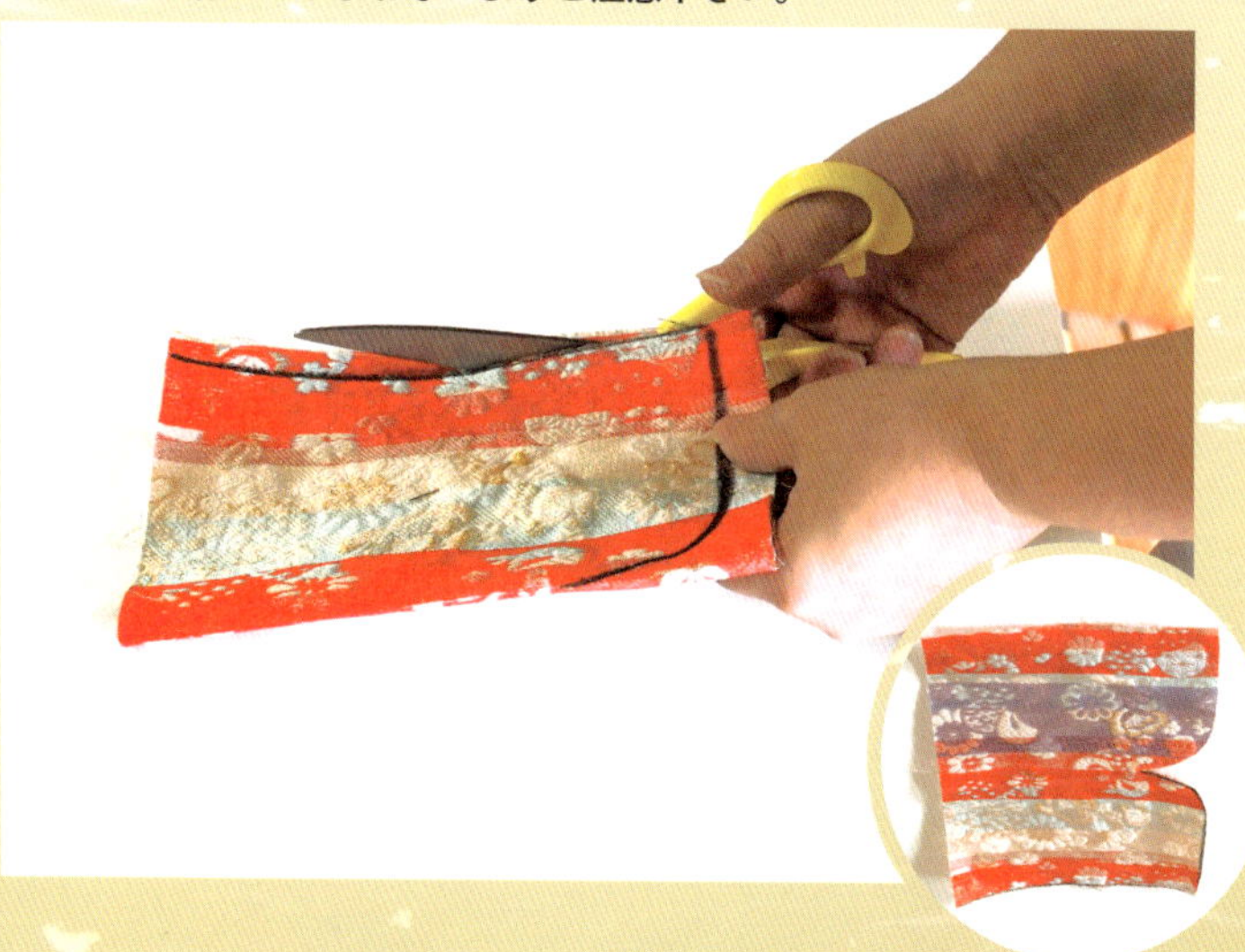

③縫い代を約 1cm残し、線を引く。

④線に沿ってなみ縫いをする。カーブの部分だけ細かく、半返し縫いをする。

⑤上から 4㎝はかり、横線を引く。

⑥横線のところで手前に折り、先ほど縫った縫い目の上から一箇所を縫い留める。

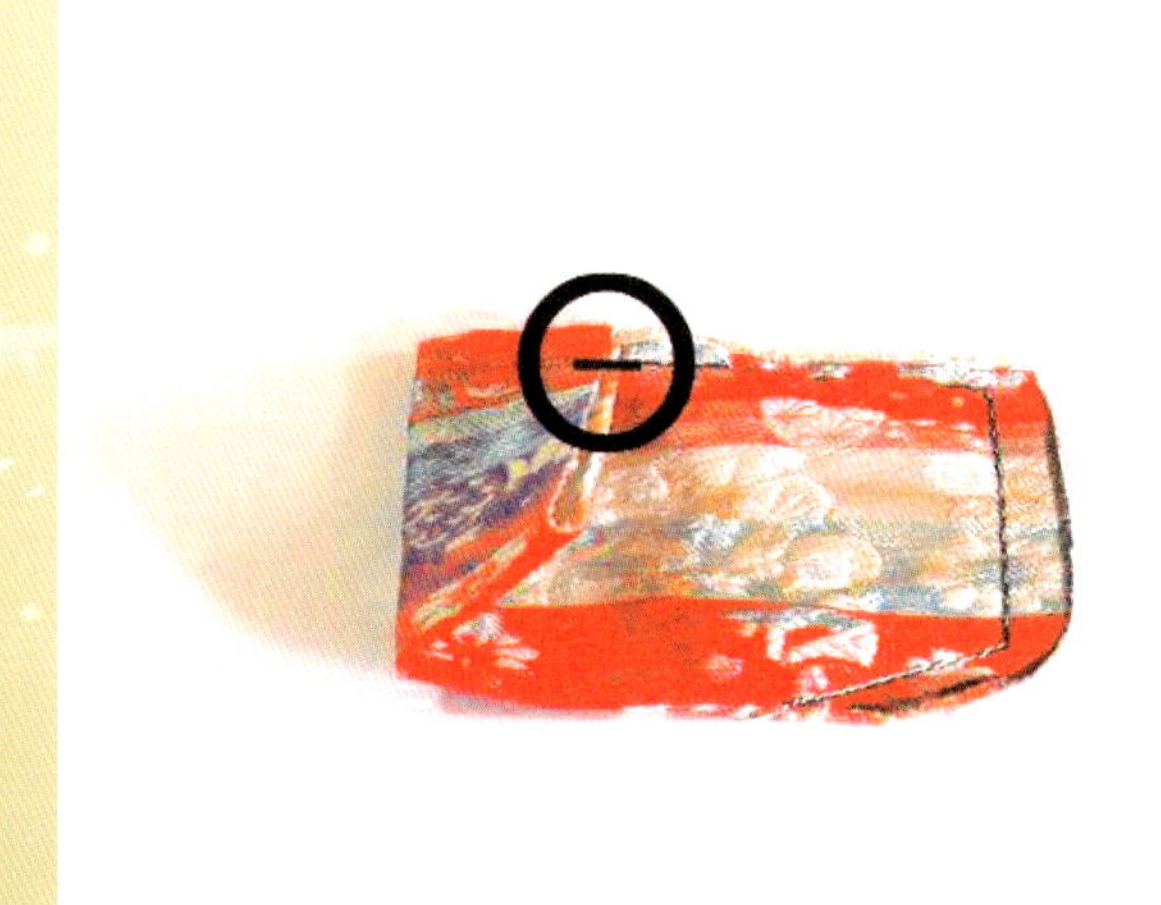

⑦袋を表に返す。まずは折り目までを表に返し、それから全体を表に返す。

⑧形を整え、訶子の実の形になるよう、下の先端の部分を後ろに折り縫い留める。

⑨袋の上の部分を、上から見て「M」の形になるよう左右を蛇腹に折る。

⑩蛇腹が崩れないよう、糸で仮留めしておく。

〈型紙〉写し取ってご使用下さい。
※生地は17㎝×23㎝以上のものをご準備下さい。

## ②組紐を結ぶ

**結びの語源は、結びの「び」が「霊（ひ）」、「むす」は「苔生す（こけむす）」や「料理を蒸す」などの「むす」を意味しており、温暖多湿の気候風土のなかから生命が産まれてくる過程を表しています。**

天地・万物を産みなす神霊（しんれい）、むすびの神のことを産霊（むすひ）と言います。天照大神とともに、高天原（たかまがはら）の至上神とされる高皇産霊神（たかみむすひのかみ）や神皇産霊神（かみむすひのかみ）の名前にも「むすひ」という言葉が見られます。

また、息子という言葉のルーツは「産す子（むすこ）」であり、娘は「産す女（むすめ）」です。むすびの語源は産霊と言われており、万物を産み成長させる神秘的で霊妙な力をあらわしています。

**結ぶことは本当に尊いことで、結ぶ手にご神仏のみわざが宿ります。**

念仏を結ぶと念珠（数珠）になり、香りを祈りで結びとどめると訶梨勒になります。

**どうぞ心を落ち着かせて集中し、自分の力ではなく、ご神仏に結んでいただくことをイメージしながら、結びに取り組んで下さい。**

【準備するもの】

２㎜の太さの組紐　330㎝（東レシルックの江戸紐がおすすめです）

叶結び→菊結び→国結び→総角結び小・大→稲穂結び→総角結び小、の順番に結ぶ。

## 1 叶結び

祝儀袋の水引にも用いられる、お祝い事には欠かせない結びです。結び目の裏表が「口」の字と「十」の字になるところから叶結びと呼ばれています。祈願、願望が叶うようにということから日用品に広く用いられてきました。

## 2 菊結び

延命長寿のおめでたい結びです。祇園祭りの鉾飾りにも結ばれています。袋物、家具などに用いられ、菊花結びとも言われます。

## 3 国結び

中心部分の結び目の「囲」が国という字に似ているので、国結びと呼ばれています。

## 4 総角結び（あげまきむすび）

飾り結びの代表と言われる結びです。

古代男子の髪型である角髪（みずら）から考案された結びです。中央の結び目の形から「人型」と「入型」に分けられます。護符や魔除けとして用いられるのが「人型」、「入る」という縁起から用いられるのが「入型」です。

端午の節句に飾られる鎧の背につけられた総角結び（人型）は、無防備な背後を守り、生命の緒をつなぎ止める護符としてつけられています。日本では古来より武具には「人型」を使い、部屋や調度品の装飾には「入型」が使われています。

## 5 稲穂結び（いなほむすび）

形が稲穂に似ていることから稲穂結びと言います。房としても用いられることがあります。

## 6 最後にもう一度小さ目の総角結び

# 叶結び

①
ひもを半分に折り上から約10cmのところで右のひもの上に左のひもを重ねる

②
上にきているひもを下のひもの下に矢印のような形をつくる

# 菊結び

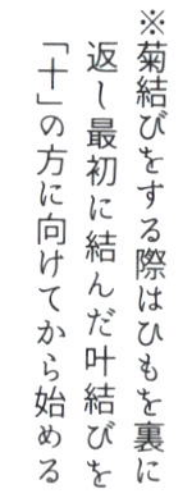

※菊結びをする際はひもを裏に返し最初に結んだ叶結びを「十」の方に向けてから始める

①
叶結びから約10cm間をあけ長さ約5〜6cmの輪を左右に2つ作り下のひも2本を右上へ移す

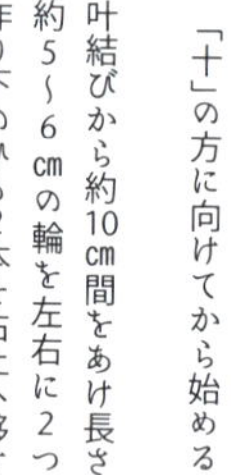


②
右の輪を左上に移す

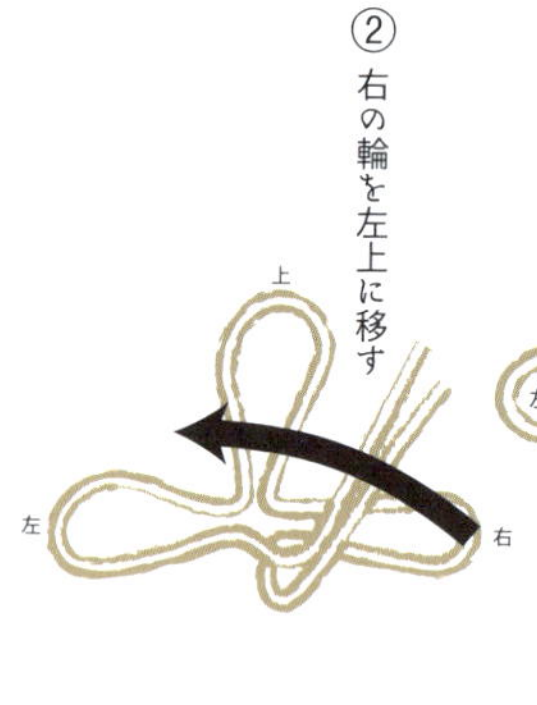


⑥

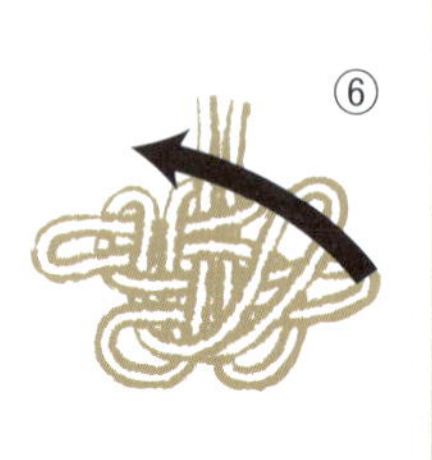

⑦

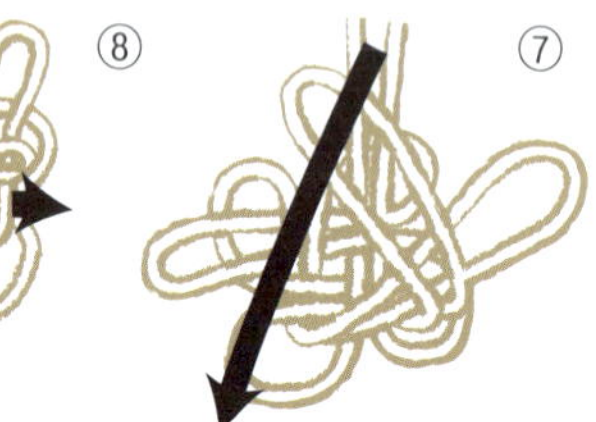

⑧

③
左にきているひもを上の大きな輪の下から通し②で作った小さな輪に通す
④
上下にゆっくり引きひもをしめて形を整える
表側「口」
⑤
出来上がり
裏側「十」

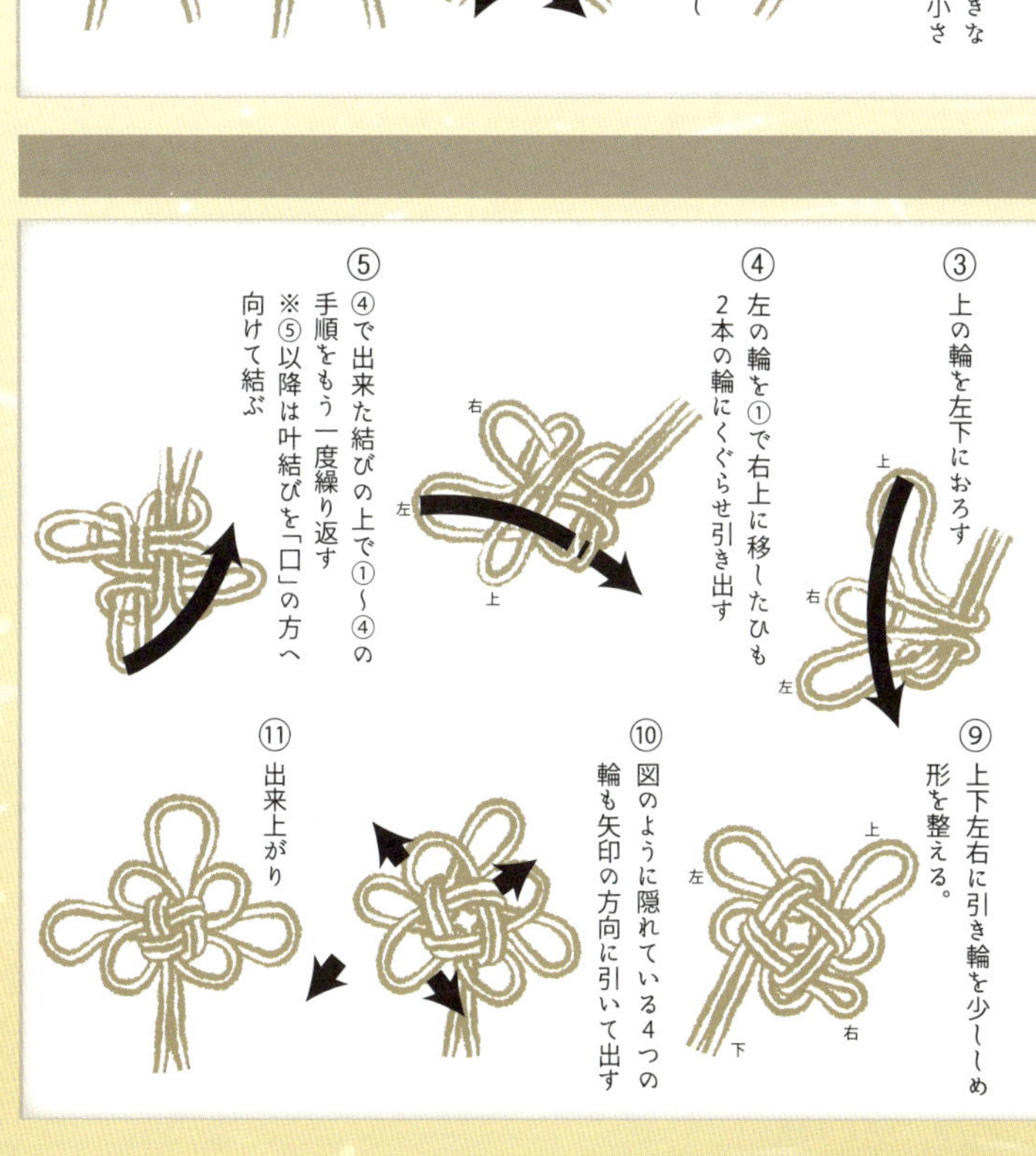
③
上の輪を左下におろす
上
右
左
④
左の輪を①で右上に移したひも2本の輪にくぐらせ引き出す
右
左
上
⑤
④で出来た結びの上で①~④の手順をもう一度繰り返す
※⑤以降は叶結びを「口」の方へ向けて結ぶ
⑨
上下左右に引き輪を少ししめ形を整える。
上
左
右
下
⑩
図のように隠れている4つの輪も矢印の方向に引いて出す
⑪
出来上がり

# 国結び

①

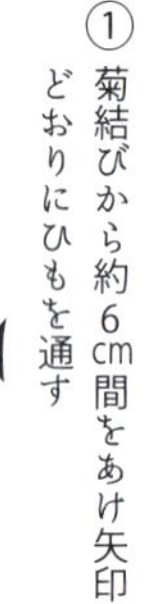

菊結びから約6cm間をあけ矢印どおりにひもを通す

②



③

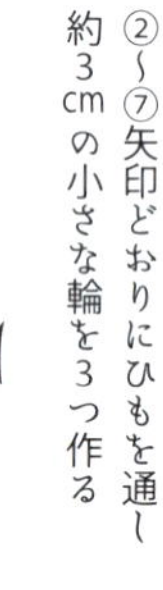

②~⑦矢印どおりにひもを通し約3cmの小さな輪を3つ作る

④

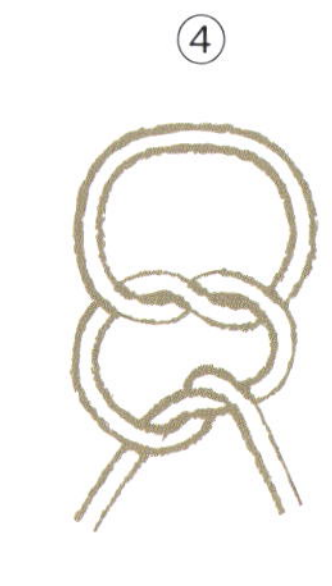

⑤

⑥

⑦

⑧

矢印どおりに右のひもは前から左のひもはうしろから同じ場所に通す

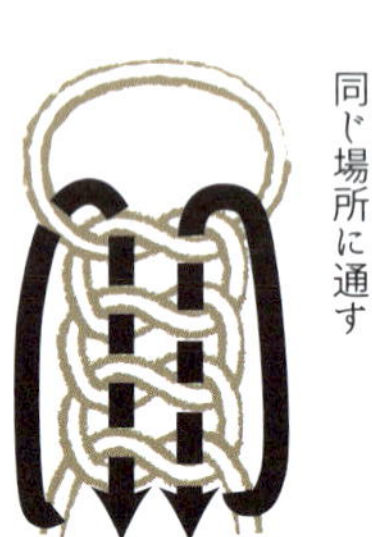

⑨ 2本のひもをゆっくり下に引く

⑩ 1番下の右の輪を前側の右上に、1番下の左の輪をうしろ側の左上に上げる（上部の輪の上まで上げる）。そのままの状態で下のひも2本をゆっくり下に引く。この手順をもう一度繰り返す

⑪ 上下左右ゆっくり引きひもをしめていく

⑫ 出来上がり　裏も表も同じ

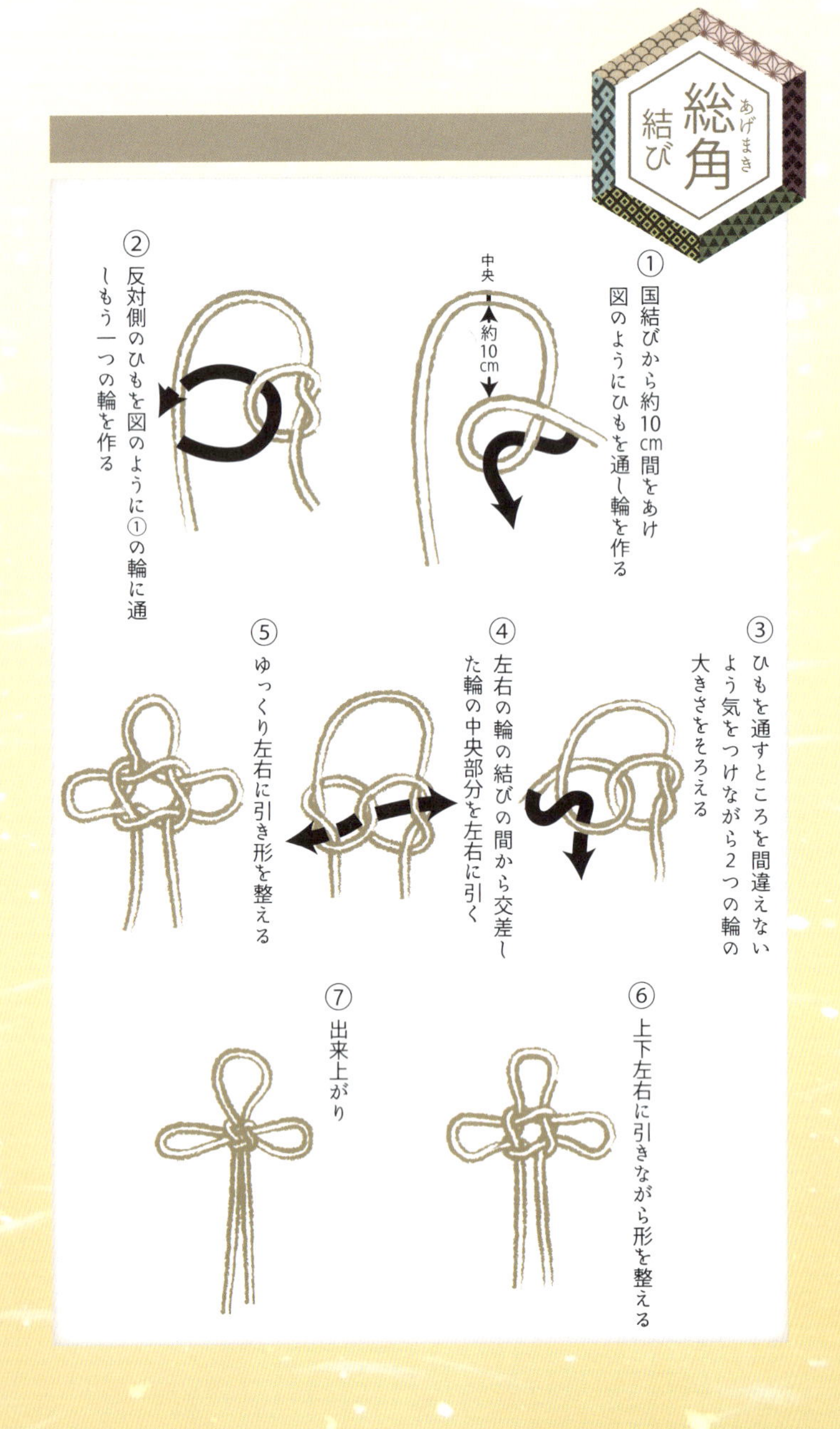
総角結び
あげまき
①国結びから約10cm間をあけ図のようにひもを通し輪を作る
中央
約10cm
②反対側のひもを図のように①の輪に通しもう一つの輪を作る
③ひもを通すところを間違えないよう気をつけながら2つの輪の大きさをそろえる
④左右の輪の結びの間から交差した輪の中央部分を左右に引く
⑤ゆっくり左右に引き形を整える
⑥上下左右に引きながら形を整える
⑦出来上がり

# 稲穂結び

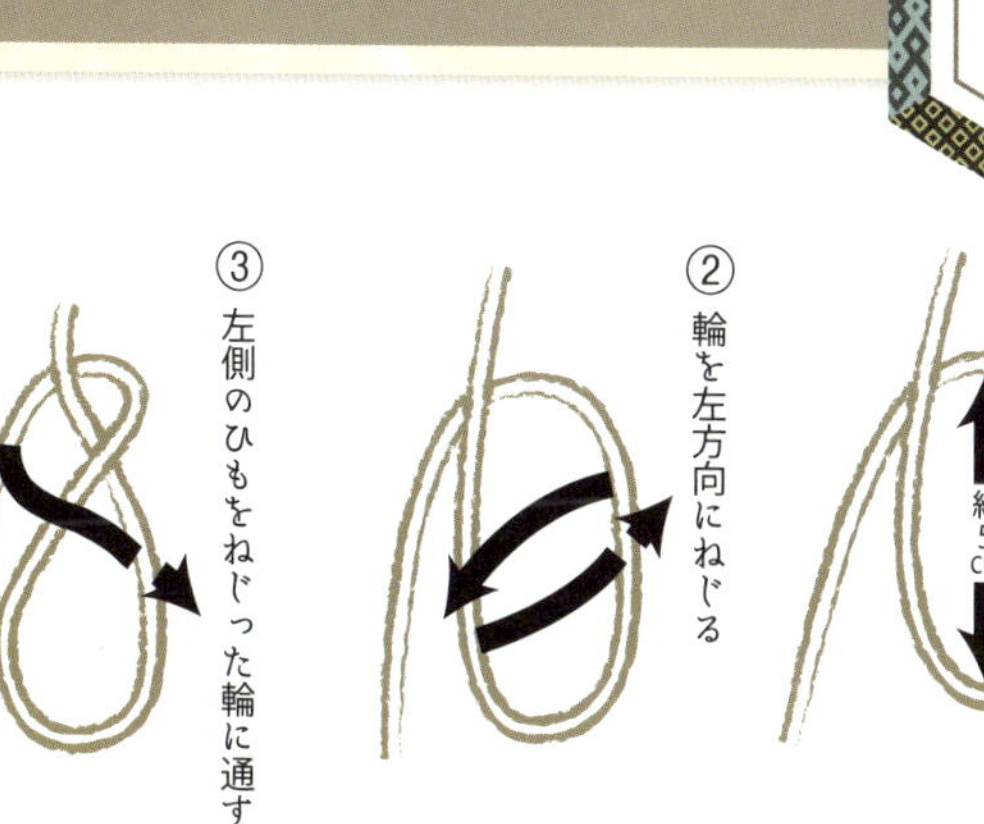

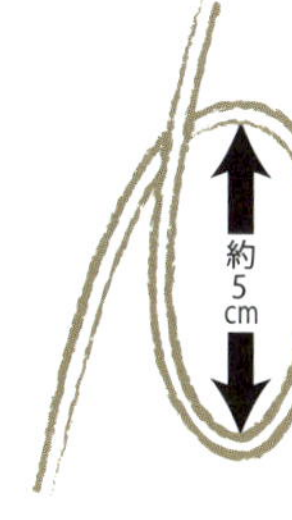


①総角結びから約8cm間をあけ長さ約5cmの輪を作る

②輪を左方向にねじる

③左側のひもをねじった輪に通す

④輪を右方向にねじる

⑤右側のひもをねじった輪に通す

②～⑤の繰り返し
最後の輪を通したらひもをやや強めに引く

⑥上下にゆっくり引きながら形を整える
反対側も同じ手順で結ぶ

⑦形を整えて、出来上がり

## ③紐を袋に通す

結びを施した組紐を縫った袋に通しましょう。

①袋の蛇腹の部分の左右二箇所に千枚通し、または目打ちで裏側から表側に穴をあける。

②裏側から表側に向かって紐を通す。

③紐を通したら、仮縫いをはずし、紐は抜けないように通した先を結んでおきます。

## ④お香と訶子の実を袋に入れる

①お香と訶子の実を綿に包みます。

②袋の口を大きく開き、①を入れます。

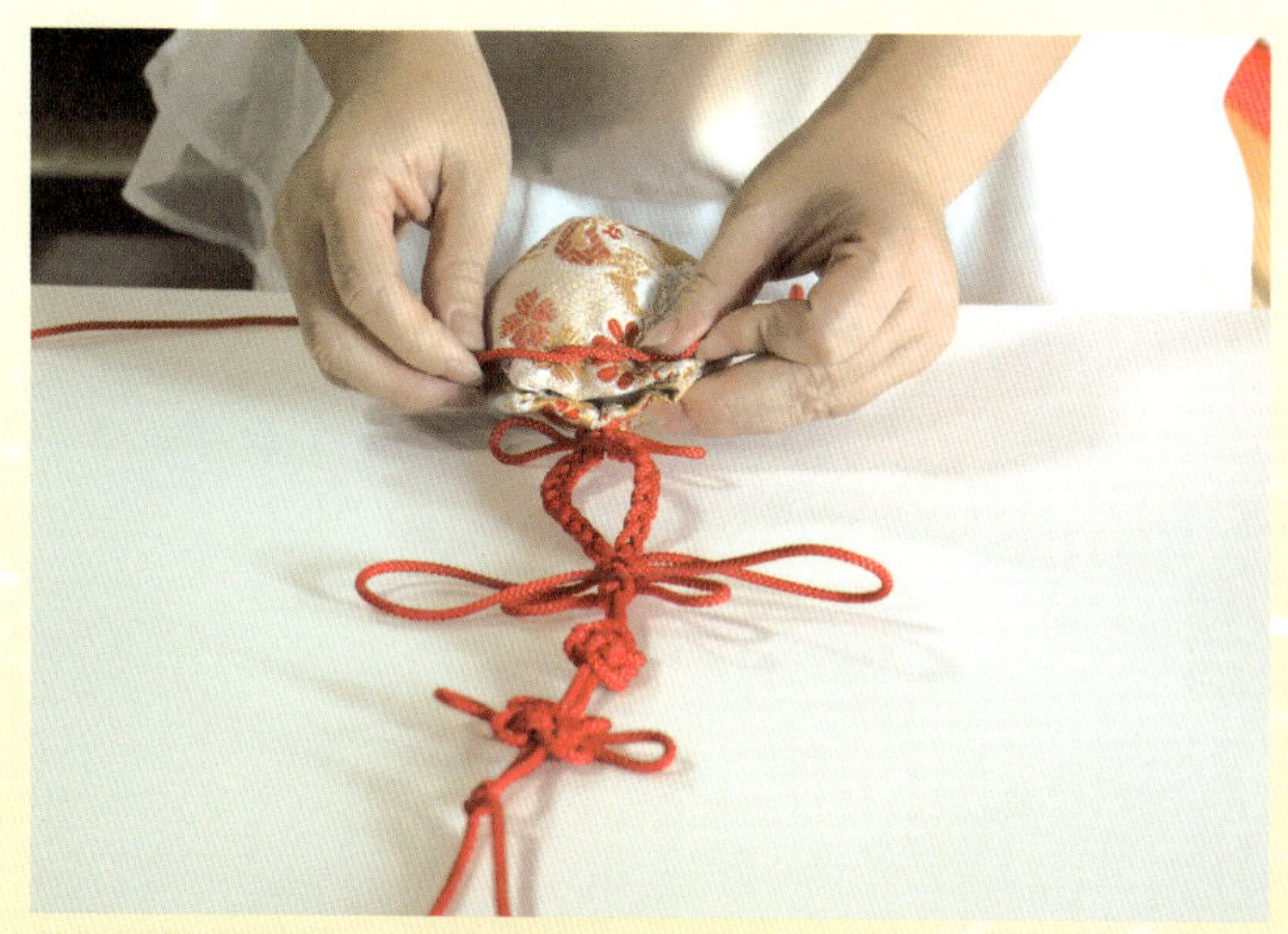

③紐を喋々結びでしっかり結びます。

④紐の先端から 5㎝くらいのところで稲穂結び（結びの項参照）を 1 回結びます。

⑤先端から稲穂結びまでの紐をほぐし、組紐をほどきます。

⑥やかんにお湯を沸騰させ、その湯気でほどいた組紐を湯のしします。

ほどいた組紐がまっすぐ綺麗になったら完成です！

訶梨勒の材料はこちらから。
https://www.kiyomekouzuna-shop.com/

**みなさん、袋を縫うところから紐を結ぶところまで、うまくできましたでしょうか？　大変な長丁場、お疲れ様でした。**

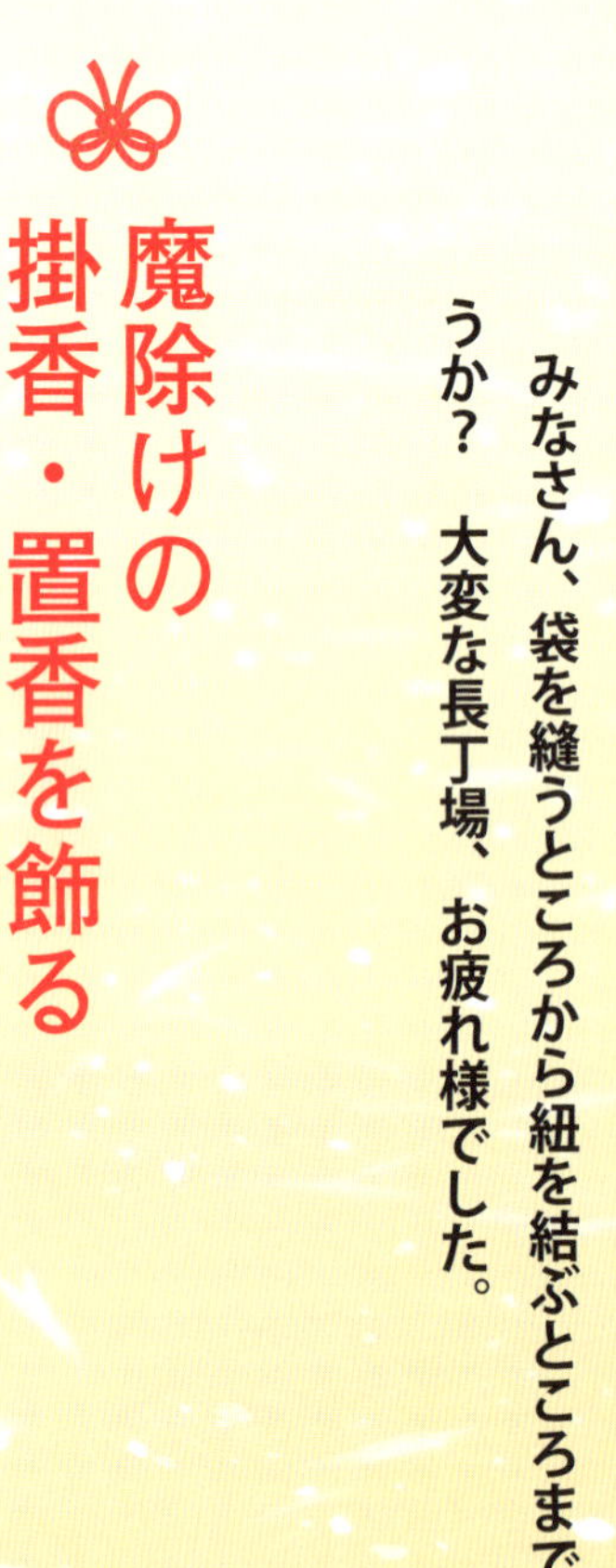

# 魔除けの掛香・置香を飾る

生徒さんからよく、「先生、これ（作ったお香）って、どこに置いておくのが良いんですか？」と聞かれます。燃やすタイプのお香は、風通しの良い場所で焚くと良いとお伝えしましたが、訶梨勒などの掛けるタイプのお香（掛香（かけこう））や、置くタイプの大きな匂い袋、お部屋香などの置くタイプのお香（置香（おきこう））については書いていなかったので、ご紹介したいと思います。

まずは、訶梨勒ですが、茶席や香席では床柱に掛けられます。

私は、今までに作った訶梨勒がたくさんあるので、その時々で「気の流れが悪いな〜」と感じる場所に掛けています。

**良い香りには、空気を浄化する作用があります。**

お香の良い香りが漂う訶梨勒を気の流れが悪い場所に掛けると空気が浄化され、気の流れが良くなり、「あれっ？　最近なんかツイてる⁉」と、人生の流れまで良くなりますよ。実際に私は、気の流れを少し変えるだけで、ずっと待っていた良い知らせが舞い込んだり、気がかりだった心配事が消えてなくなったり、ラッキーな出来事をいろいろ体験しています。

**縁起の良い結びが施された訶梨勒。**

お正月には、しめ縄がわりに玄関に掛けたりもします。

それから、小さな匂い袋も、掛けることができるように紐がついているものが多いので、お手洗のドアノブに掛けたり、クローゼットのハンガーに掛けたりしています。
　そして、お部屋香のような置くタイプのお香、こちらも「必ずここに置かないといけない」といった決まりはないのですが、玄関に置いておくとお客様を常に良い香りでお迎えすることができるので、私は玄関に置いています。

【お部屋香】

# 風水×お香

**風水の世界では、玄関は人だけでなく、良い運も悪い運も一緒に入ってくる入り口だと言われています。**

## ◎玄関

良い香りがする場所には良い運が集まり、逆に悪い香り（臭い香り）がする場所には悪い運が集まると言われています。私が尊敬する僧侶によると「餓鬼（がき）は生臭い香りに集まってくる」そうです（餓鬼とは、悪いことをした人間が死後に生まれ変わった存在。仏教に登場する常に飢えに苦しんでいる亡者）。

そして、運気の悪い家や餓鬼のいる家は玄関の扉を見ただけでわかるそうです。良い気が流れている家は玄関が光って見えるそうです。逆に、悪い気が流れている家は玄関がくすんでいるというか、光がないそうです。
ということは、玄関はおのずとその家の運気をあらわす場所と言えます。

**風水でも、玄関は最も重要なエリアとされているので、玄関を常に明るく清潔にし、良い香りを保つことが運気アップの秘訣と言えます。**

私は、普段はコーン型（円錐型）のお香を焚き、講座や行事があるときは渦巻き型のお香を焚きます。毎日焚くので玄関棚のなかにたくさん常備しています。お天気の良い日は玄関棚を全開にしておくと、棚のなかまで浄化されます。
また、玄関棚の上にはお部屋香を飾っています。半年に一回中身のお香を変えて、香りを楽しんでいます。

**お香の香りでお客様をお迎えすると、とても喜ばれ、玄関が良い気で満たされますよ。**

## ◎水回り

最近、生徒さんたちのあいだでは、お風呂でお香を焚くことが流行っています。

**なんと、お風呂でお香を焚いているとカビが生えないと言うのです。**

調べてみると、お香の煙には殺菌作用があるので、お風呂でお香を焚くと防カビになるようです。

焚き方は簡単、お風呂掃除のあとに浴室を乾燥させ、そのあとでお香を焚きます。お香の煙は天井や換気扇にも行き渡るので、手の届きにくい場所のカビ防止にも効果的です。

これを週一回程度続けると、お風呂場が清浄に保たれます。私は、お風呂場と洗面所が隣り合わせなので、お風呂場の扉を全開にして、お風呂場と洗面所の両方にお香の煙を行き渡らせています。

また、トイレでも掃除のあとお香を焚いています。

**風水ではトイレは住んでいる人の健康運に影響すると言われています。**

昔から**「水回りを綺麗にすると運気が上がる」**と言われているように、水回りは常に清浄に保つようにしましょう。

# 4章

# 疲れた心を癒やすお香

# 疲れた心を優しい香りで包み込んでくれる「煉香」

煉香とは、香原料を調合し、蜜で丸薬状に練り固めたもので、平安時代に宮中で流行したお香です。

もともとは、仏様のための供香(ぐこう)としてだけ使用されていたお香が、やがて薬や厄除けなどとして使用されるようになり、自分の好みに合わせて調合されるようになったのは平安時代に入ってからです。

煉香は、お線香のようには直接燃やさず、灰に炭を埋め、間接熱で温めて煙を出さずに薫きます。

一見、正露丸のような見た目なので、初めて目にされる方からは「これがお香ですか?」と聞かれるのですが、**お香の世界では特に人気の高いお香です。**

煙を出さずに薫く「空薫（そらだき）」という方法で薫くので煙臭さがなく、純粋に芳香だけを楽しめるとても香りの良いお香です。

「煙の出るお香は換気や壁紙の汚れが気になって…」という方にもおすすめです。

【煉香】

【空薫のやり方】

①香炉に香炉灰を入れる。

②灰を柔らかくし空気をふくませるために火箸で灰をかき混ぜる。

③炭に火をつけ、灰の上に置いて灰を温める（五分くらい待つ）。

④炭を灰に縦に差し込み、炭の脇に煉香を置く

（煙が出ないように炭から煉香を離して薫く）。

※香炉がかなり熱くなります。やけどに注意し、可燃性のものの近くで薫かないようにして下さい。

平安時代に書かれた『源氏物語』でも、人物の心がお香で表現されていたり、お香にまつわるお話がたびたび登場します。「空薫」と聞くと、『源氏物語』に出てくる「空薫物」を思い浮かべる方もいらっしゃるかもしれません。

「空薫物」とは、空薫に用いるお香、すなわち煉香のことです。平安時代の貴族のあいだでは空薫で煉香を薫くのがお香の楽しみ方の主流だったようです。

直接火をつけて香るタイプのお線香などは香りが広がるのが早いですが、空薫で薫く煉香は、香りがゆっくりと広がるので長い時間楽しんでいただけます。また、ある古典書物には、「空薫は、どこからともなく漂ってくるように香をたくこと」と記されています。

煙を出して焚くお香のような確かな存在感はありませんが、**前に出ない奥ゆかしい煉香の香りは、古来の日本人の奥ゆかしさをそのままあらわしているかのようです。**

私は休日はいつもこの煉香を一日中薫いています。

平安時代に思いを馳せて空薫の準備をすることはとても風情がありますし、純粋に芳香だけを楽しめる煉香は、お香の原料である植物の香りをダイレクトに感じ、自然で優しいながらも、日本古来からの伝統を感じる深みのある香りに心がとても癒やされます。

## ◎香炉灰も香炭も使わない手軽な煉香の楽しみ方

「空薫は確かに風情があるけれど、うちには灰も炭もありません。ほかに煉香を楽しむ方法はありませんか?」とよく聞かれます。

確かに、灰も炭もご家庭に当たり前にあるものではないですし、灰を温めようと思うと時間がかかるので、忙しい現代人に煉香は敬遠されがちです。

ですが、最近は煉香が気軽に薫けるキャンドル式の香炉や電気式の香炉が販売されています。キャンドル式香炉はキャンドルに火をつけるだけ、電気式香炉はコンセントにつなぎスイッチを入れるだけで煉香を薫くことができます。

とっても気軽に楽しめますので、ぜひ試してみて下さいね。

【電気式香炉】

【キャンドル式香炉】

平安時代、宮中では作った煉香の香りをお互いに競い合いました。そのなかでも、四季に適した出来の良いものが「六種の薫物」と呼ばれ、継承されています。

## ◎四季の香り　六種の薫物

煉香で代表的な「黒方」「梅花」「荷葉」「侍従」「菊花」「落葉」の六種類が「六種の薫物」と呼ばれ、そのなかの「黒方」「梅花」「荷葉」「侍従」の四種類は『源氏物語』にも登場しています。

黒方…冬の香りですが、祝儀に多く用いられます。
梅花…春。梅の香りをイメージしたもの。
荷葉…夏。蓮の香りをイメージしたもの。
菊花…秋または冬。菊の香りをイメージしたもの。
落葉…秋または冬。秋のさみしさを思わせる香り。
侍従…冬。ものの哀れさを思わせる香り。

これら落葉や侍従に見られるように「**秋のさみしさ**」や「**ものの哀れさ**」を四季や自然の香りに当てはめて表現する、古来の**日本人の心や感性を煉香から感じ取ることができます**。

また、当時中国の文化を盛んに取り入れていた日本人は、古来中国より伝わる「五行説」も受け入れ信じていました。

五行説というのは、中国古来の世界観。木・火・土・金・水の五つの要素によって自然現象・社会現象を解釈するものです。木・火・土・金・水の五要素の循環と組み合わせによって、自然現象・社会現象が規定されます。

煉香を五行に分けると次のようになります。

◎五行説をもとにした煉香の分類

| 五行 | 季節 | 方角 | 色 | 煉香 |
|---|---|---|---|---|
| 木 | 春 | 東 | 青 | 梅花（はなやか） |
| 火 | 夏 | 南 | 赤 | 荷葉（すずしい） |
| 土 | 中（土用） | 中央 | 黄 | 黒方（なつかしい） |
| 金 | 秋 | 西 | 白 | 落葉（ものの哀れ） |
| 水 | 冬 | 北 | 黒 | 菊花（身にしむ） |

（山田憲太郎著『香料―日本のにおい』より）

これに侍従が加わったものが六種の薫物となっています。

また、木・火・土・金・水を時間で分けると、次のようになります。

**木…朝**
**火…正午**
**土…早朝・午後**
**金…夕方から夜**
**水…夜中**

これら五行に基づいて、朝には東の方角で青い香炉を使用し梅花を薫いたり、夜には西の方角で白い香炉を使用し落葉を薫くなどもおすすめですよ。

また、煉香と同じ「空薫」で楽しむお香に「印香」というお香があります。

印香というのは、文字通り、「型（印）」にはめて作るお香のことです。

**桜や梅や亀、さまざまな形の型抜きで抜いた印香はまるで和菓子のようです。**

見た目が可愛いらしいので、香りだけでなく鑑賞用のお香としても楽しめます。

私は毎年の桃の節句に、お雛様と一緒にこの印香を飾っています。

季節ごとに香りを変えて、季節のものと一緒に楽しむのもまた風情があって良いですね。

【印香】

# 財布や名刺入れに入れ、肌身離さず持ち歩ける「文香」

よくお香講座の生徒さんから「作ってほしい」と頼まれるのが文香（ふみこう）というお香です。文香というのは、手紙に添えるお香のこと。

**心を込めた文章と一緒に届ける香りの贈り物です。**

文香の起源は平安時代と言われています。
手紙に梅の花などを添えて送っていたのが始まりとされていて、その後、お香を手紙に薫き染めて送るようになり、現在では文香という形になったと言われています。私は、季節ごとに香りを変えてお手紙に添えて送ります。
送る前にも、普段から便箋を保管している箱に文香を入れ、便箋に香りを移しておきます。

**見た目も可愛い文香は、女性にとても人気です。**

手紙に添える以外にも、名刺入れに入れたり、本のしおりにすることなどもできます。

ある生徒さんは、いつもこの文香を財布のなかに入れておき、仕事で嫌なことがあったときにはバッグから財布を取り出し、文香の香りを聞いて心を落ち着かせるそうです。また、別のある生徒さんは名刺入れに文香を入れ、名刺に香りを移して楽しんでおられます。

財布や名刺入れを開けたときに漂うお香の香りに自分自身も癒やされますし、浄化作用のあるお香の香りをまとったお札や名刺をいただいたら、なんだか運気が上がりそうで嬉しいですよね。

それから、保管の際、カビ臭くなりそうなもの（本や掛軸）にもこの文香を挟んでおくと、防臭になるだけでなく本や掛軸に良い香りが移ります。

特に本は、ページをめくるごとに良い香りが漂い、読書の時間が格別な癒やしの時間になりますよ。

【文香】

# 気軽に持ち歩ける「匂い袋」

私はいつも、匂い袋をバッグに忍ばせたり、着物の帯締めに提げたりして持ち歩いています。

火を使わずに気軽にお香の香りを楽しむことができる匂い袋は、火を使うことに抵抗のある方でも、**毎日の生活に気軽にお香を取り入れるのに、とてもおすすめのお香アイテム**です。

匂い袋の香原料は、防虫効果のあるものなどさまざまです。香原料を調合してそのまま袋に入れて作るので、常温で（熱を加えなくても）香る香原料を使います。

バッグに入れておくと、バッグを開けるたびに、ほんのり漂うお香の良い香りに癒やされますし、窓際に掛けておくと、風に乗ってお香の良い香りがお部屋に漂います。

タンスやクローゼットに入れておくと、衣類にお香の良い香りが移ります。また、防虫効果のあるものであれば防虫にもなります。

和服につけると、動作をするたびに、さりげなくお香の良い香りが漂います。

**胸元に忍ばせたり、帯締めに提げたり、粋な大人の女性のおしゃれを愉しめます。**

先日、生徒さんたちに、「どこに匂い袋を置いているの？」と質問したら、意

【匂い袋】

外に多かったのが車のなかでした。車のなか特有の香りが防げるし、乗車された方に喜ばれるしで、車のなかにお香はおすすめだそうです。

車のなかにお香を置いておけば、災いを除け、事故防止にもなります。古来、香りの強いものを部屋に吊るしたり身につけたりすることにより「魔除け、邪除け」になるとされ、身につけるものは「香袋」、衣類の防虫・芳香用として用いるものは「えび香」と称されていました。

防虫用として匂い袋を使用する際は、防虫効果のある龍脳（りゅうのう）や樟脳（しょうのう）というお香をたっぷり配合します。

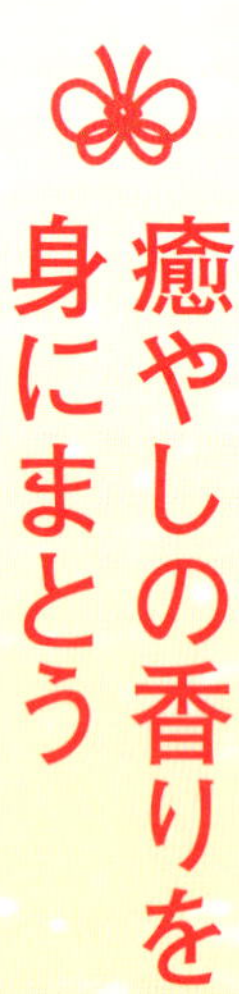

## 癒やしの香りを身にまとう

着物が似合う日本美人に出会ったとき、共通して必ず感じる和の香りがあります。そう、**フワッと漂うお香の良い香りです。**

すれ違いざまに、ふっとお香の香りがすると、思わず香りのする方向に目を向けてしまいます。

**香りには、人の心を引きつける魅力があります。**

**そして香りは、記憶と強く結びついています。**

香りには「プルースト効果」と呼ばれる現象があります。フランスの小説家マルセル・プルーストの著書『失われた時を求めて』のなかで、〝紅茶にひたしたマドレーヌを食べていると、ふと幼いころの記憶が鮮明によみがえってきた〟という内容の記述があります。

プルースト効果の研究によると、**香りによって思い出される記憶は言葉を手がかりに思い出される記憶より詳細で鮮明だそうです。**

私も、お香を焚くと、おばあちゃんとお仏壇の前で手を合わせている自分の姿が鮮明に思い出されます。

五感のなかで、嗅覚は感じる脳と言われています。「プルースト効果」を利用すれば、身にまとう香りで自分のことを人に印象づけることができます。

私はいつもお香の香りをまとっているのですが、出会った方から「安心する香り」「落ち着く」と言われます。みなさん私と同じように、おばあちゃんの家の記憶やお寺にお参りしたときの記憶を思い出されているのかもしれません。

**香水みたいに華やかな香りではないけれど、ほんのり甘く優しく漂う〝お香〟の香り。**最近は、そんな奥ゆかしいお香の香りを好んで、香水がわりに使う女性が増えています。

**あなたも奥ゆかしい和のお香の香りを味方につけて、出会った人の記憶に残る癒やしの人になって下さいね。**

# 香りでリラックス

テスト勉強をしているときや、プレゼンの資料を作っているときは、デスクでお香を焚き、リラックスしてのぞみましょう。

**焚く香りは、自分のお気に入りの香り一つに絞って、いつも同じ香りを焚きます。**

そうすることで、テストやプレゼンの本番前にその香りを聞くことで、リラックスした状態の記憶に結びつき、落ち着いて本番にのぞめますよ。

# お風呂の湯船に溶かし、身体を浄めよう

最近、私がハマっているものの一つが、**お香（丁子）の入浴剤です。**

丁子を綿の布に包んで湯船に浮かべれば丁子湯になります（丁子は染色にも使われます。浴槽に色がつかないようにご注意下さい）。

**この丁子湯に浸かると、いつも心身ともにスカーッとします。**

丁子は、修行僧が修行中に入るお風呂でも使用されています。

丁子を煮出したお風呂で沐浴したり、口に含んだりして、心身の清浄に使われています。

経典によると、丁子のような香薬を入れたお風呂のことを香湯と言うそうです。

香湯には、丁子のほかに沈香や菖蒲や苜蓿香（マメ科の植物）などがあるそうです。どれも心身に良さそうなものばかりですね。

古来より、身を浄め心身を温めるものとして伝わる丁子。

**生薬の力で体が芯から温まり、冷え性対策にもなります。**

また、浴室を暗くして目から入る情報を抑えると、さらにリラックス効果が高まり癒やされますよ。

最近では、お香の入浴剤が販売されています。

丁子のほかに「藿香（かっこう）」や「茴香（ういきょう）」もありますので、気になる方は、ぜひ試してみて下さいね。

## お香の深い癒やし効果

私はいつも、お香を焚くときはろうそくに火を灯し、そこから火をいただき、灰を入れた香炉に立てて焚きます。

ひとことで〝**お香を焚く**〟と言っても、香炉や香皿を準備したり、焚いたあとの灰の後始末など、忙しい現代人にとっては面倒な作業に思えるかもしれません。ですが、そういった面倒な作業をあえてひと手間かけて丁寧に行っていると、**不思議と心が落ち着いてきます。**お寺ではこの一連の作業が毎朝夕行われます。

当然ですが、この作業をイライラしながら行っている僧侶を見たことはありません。特に、ろうそくからお香に火を灯す瞬間は、とても穏やかな仏様のようなお顔をされています。

**実はろうそくの炎には、誰でも仏様のように穏やかなお顔にしてしまう不思議なパワーがあるのです。**

みなさんは癒やしに深く関係している「1／f（エフ分の一）ゆらぎ」ってご存知ですか？

「1/fゆらぎ」とは、川のせせらぎや鳥のさえずりなど、自然界に存在している心地よいと感じるリズムのことで、私たちの心臓の鼓動も同じリズムを持っています。「1/fゆらぎ」には、交感神経の興奮を抑え、リラックスさせる効果があります。

**ろうそくの炎がゆらゆら揺れる動きは、まさにこの「1/fゆらぎ」です。**ゆらゆら揺れるろうそくの炎を見つめるだけで、深い癒やし効果が得られるのです。また、お香の香りにも、自律神経やホルモン分泌を整えるなど、種類によってさまざまな癒やしの効果があります。

そんなろうそくの炎とお香の香りの相乗効果で、それまでの自分が抱えていた感情がリセットされ、**心が静まり、深く冷静に自分の心と向き合えるようになる**ので、自分の感情とうまく付き合えるようになり、感情の起伏を抑え、**いつも穏やかな自分でいられるようになります。**

ろうそくに火を灯し、そこから火をいただきお香を焚くという一連の作業を、あえてひと手間かけて行うことが、ただお香に火をつけて焚くことよりも、何倍もの癒やし効果をもたらしてくれるのです。

**私はいつも、「お香を焚こう」と準備を始める瞬間から、すでに心が落ち着いてくるのを感じます。**

忙しく心ここにあらずの状態になっても「お香を焚こう」と思った瞬間にホッとするのです。

記憶と本能に直結していると言われている嗅覚が、お香を焚くときの一連の作業の記憶を引き出し、まるでそれを実際やっているかのようにホッとさせてくれるのかもしれません。

# 5章

# お寺×お香で運気を掴む五つの習慣

## ①自宅をお寺のような空間にする

私は、お寺や神社やパワースポットを巡ることが大好きですが、**一番大切なのは、自分の一番身近にいて下さる仏様とのつながりだと常々感じています。**

1章でも書かせていただきましたが、自宅をお寺のような空間にするのにお香はマストアイテムです。仏間がなくても、ご自宅のどこか一角を仏間と想定してお線香を焚き、毎日手を合わせましょう。

毎日手を合わせることを習慣化すると、周囲の環境が自然と整います。

そうすると、その環境に比例するかのように不思議と自分自身の身口意（しんくい）（行動・言葉・意志）も整います。

身口意が整うとすべてのことが叶うと言われています。

仏様とつながる回線が太くなり、何かあったときに「南無阿弥陀仏」ととなえれば、**不思議とそのときの自分にとって一番良い結果に導かれますよ。**

## ◎毎日お線香を焚き、状況が好転した生徒さんのお話

お香講座でお寺にお越し下さり、毎日お線香を焚いて状況が好転していった生徒さんのお話をご紹介します。

「香司講座の案内メールが届いたとき、精神的にきつい時期で、仕事では、希望する仕事につけていたのですが、上司のパワハラに思い悩み、プライベートでは、縁を切りたい相手が、私の生活のなかに土足で上がり込み、私の気持ちを荒らしていました。

何かを始めることで、今の状況が好転するかもしれない気がして、仮申し込みをしたのですが、何かを始めたくらいで『状況が好転することなどない』という気持ちもあったので、本申し込みすることに躊躇していました。

なぜ、状況が好転することなどないと思ってしまったかと言いますと、そのころ、サークル活動にいろいろ参加していたのですが、逆にサークルのなかの人間

関係に疲れていたころでもありました。

マイナスが重なっている時期に何かを始めるとは、さらにマイナスを呼ぶのかもしれない、と考えていたころ先生から電話をいただきました。

電話をいただいたことで、本申し込みをしたのですが、今思えば、先生の後ろにいらっしゃる仏様の導きかなぁと。

電話をいただいたときは、話ができなかったので、私から折り返しをさせていただいたのですが、折り返しをしたとき、お断りをするつもりで電話をしたのです。

『だって、会社員でお香講座なんてやるつもりないし、遠いし、趣味でやるには安い講座料じゃないし。お香やったところで状況なんて好転しやしない。今はおとなしくしているべき！』

まさに、マイナスオーラ満載の言い訳。

先生との電話の前にそんな言い訳をたくさん並べて、お断りする気で折り返しをしたのです。

意思の強い私が、行くことにした。やっぱり、お導きかなぁと思います（大げさなのかな）。

**それからです。気持ちや環境に変化があらわれたのが。**

希望する仕事だからパワハラには耐えるべきだという考えから、パワハラは耐えるべきことじゃない、希望する仕事から離れるかもしれないけど、**仕事より自分を大切にしようと思い始めました。**

会社にパワハラにあっていることを訴え、三か月後には異動することができました。

香司講座に通う一年くらい前から、姉の離婚で姉の稼ぎが少なく、また、猫を四匹飼っている理由からアパートが見つからなかったので、姉と姪と三人の生活が始まりました。

姉は気持ちの起伏が激しく、被害者意識が強い、とても難しい人です。

暮らし始めて一か月後、私たち姉妹は崩壊しました。きっかけは些細なことです。

稼ぎが少ないというのなら、買う必要のないものをネットショッピングで買うことを止めたらどうかと言ったことがきっかけです（一緒に暮らしてから、毎日、宅配便が届いてましたから）。

そこから、姉の私への気持ちは憎しみに変わり、私を敵視して、自分は弱者だと訴え、自分は私から被害を受けていると言い始めました。

しんどい生活が始まりました。**小さい家に、自分を敵視する人がいるんですから。**

大好きな自分の家に早く帰りたいのに、でも帰りたくないという気持ち。

家に帰って駐車場に姉の車が停まっていないときのほっとする気持ち。

挙句の果てに、姉のこと、早く死んでほしいと思うようになりました。

あのころ、早く死んでくれたらいいのにと、毎日そう思って生きてました。

私には両親がいません。**家族と言える人は姉だけです。**

その姉が死んだときに、私を悲しませないための試練なのだと言い聞かせてました。

そして、そんなとき、たまたまお寺に来ていたある阿闍梨さんから、お札をいただいたのです。

**あのとき、本当にびっくりしました。**だって、誰も私が姉に死んでほしいと思っていること知らないんですから。

**こんなこと誰にも言えない。**

姉から敵視され、被害者だと訴えられている、そんな姉に心から死んでほしいと思っていること。

お札をいただいてからは、先生に教えていただいたように、毎朝、お線香を焚きました。その結果、二か月後、姉から家を出ていくと言われ、その二か月後には引っ越していきました。

姉がいなくなり、私の気持ちからも**「早く死んでほしい」という気持ちもなくなりました。**

邪悪な気持ちもストレスだったんだなー。姉は今でも私を敵視しているので、私とは口もききません。口をきくときは、文句を言うときだけです。私を敵視することで、姉の気持ちが楽になるのであれば、それでいいと思っています。

あのとき、先生から電話ではなく、メールだったら、お断りさせてもらっていたので、今思うと、ぞっとします。先生、電話で連絡をしてくれて、本当にありがとうございます。

**お香とお寺、この最強の二つを味方にしたことで、良い方向に運んでもらえたんだと感謝しています。**

あれ以来、毎日、お線香を焚いています。

寝る前に漢方を飲むのですが、その影響か夜中にトイレに行くようなってしまったのですが、寝る前に沈香を焚くようになったら、夜中に起きることもなくなりました。

（夜泣きに沈香って言われてましたが、更年期にも良いかもしれません（笑））

**正直、仏様の力とか、神様の力とか、信じていませんでした。**

目に見えないもののお導きって、わかりませんから。

お寺巡りとか、御朱印巡りとか、まったく興味なかったし、お寺女子からほど遠い場所にいたと思います。

香司講座で香と仏教の歴史を知り、先生や住職から仏様のこと、念仏のこと、目に見えない世界のことを見聞きしてもっと仏教と深く関わりたい、仏教女子と言えるようになりたいと今では思っています。

（余談）

六月から新しい会社に変わりました。

新しい会社は居心地が悪くありません。

しかし、常駐先で一緒に働いている別会社の人が、マイナス思考の面倒くさい人で仕事がしにくいので…。

そんな状況で、お寺の仕事をお手伝いさせていただけるお導きがありました。

**きっと、自分の気持ちも変わるし、状況も好転してくると思ってます！**」


仏教の流派の一つ密教では、儀式の際、お香を焚くことで仏様の世界を荘厳（しょうごん）します。たった一掴みのお香ですが、その一掴みのお香を焚いた瞬間に、仏様に出会っているのです。


**お香を手に取った瞬間から、もうそれは縁の端になっています。**

**そして、そのお香を焚いた瞬間から縁が起こり「縁起」となります。**

仏様にお供えするものは、お香にしてもお花にしても時間や手間がかかった、さまざまな縁の塊のようなものばかりです。それを**「良くなろう」**という思いで自ら手にして焚くのですから、良い縁起にならないはずがないのです。

密教には、その宇宙観をあらわす代表的な二つの曼荼羅（まんだら）があります。

大日経という経典に基づいて描かれた胎蔵界曼荼羅は大日如来の慈悲をあらわすと言われています。金剛頂経という経典に基づいて描かれた金剛界曼荼羅は大日如来の智慧をあらわすと言われています。

胎蔵界は三部の構造で、仏部（如来様）、蓮華部（菩薩様）、金剛部（明王様）があり、それぞれに、

**仏部…沈香と白檀を合わせた香**
**蓮華部…樹液から作られた香（薫陸香）**
**金剛部…沈香と安息香を合わせた香**

をお供えします。

金剛界は五部の構造で、

仏部（大日如来とその悟りから生まれた四菩薩）…沈香

蓮華部（阿弥陀如来とその悟りから生まれた四菩薩）…白檀

金剛部（阿閦(あしゅく)如来とその悟りから生まれた四菩薩）…丁子

宝部（宝生如来とその悟りから生まれた四菩薩）…龍脳

羯磨(かつま)部（不空成就如来とその悟りから生まれた四菩薩）…薫陸香

をお供えします。

仏部は息災の徳（心がイライラしなくなる状態）

蓮華部は敬愛の徳（人のためになると理解して迷いなくできる）

金剛部は調伏の徳（間違いを正すことができる）

宝部は増益の徳（人のためにできる）

羯磨部は鉤召(こうちょう)の徳（欲しいものを招きよせることができる）

をあらわしており、そして、

**大日如来が「地」**
**阿閦如来が「水」**
**阿弥陀如来が「風」**
**宝生如来が「火」**
**不空成就如来が「空」**

と、それぞれの仏様が、宇宙（あらゆる世界）を構成している五大元素をあらわしています。

このように、この世のすべてが仏様の智慧から発していて、その智慧をそれぞれのお香で表現しているのです。

**沈香**…ジンチョウゲ科の常緑高木のなかに樹脂が凝結して出来たもの。大変貴重で高価。

**白檀**…白檀科の半寄生常緑高木。インドのマイソール地方のものが最も良質で、老山白檀と呼ばれる。

**丁子**…フトモモ科のチョウジの木のつぼみを乾燥させたもの。

**龍脳**…フタバガキ科の常緑高木より採取される白色の結晶。現在は楠木から精製される龍脳が主流です。

**薫陸香**…ウルシ科のクンロクコ樹の樹脂。

## ②供養をする

供養には三つの概念があります。

**慚愧…目に見えない（自覚がない）罪を、仏様の力を借りて穴埋めする。**
**法楽…仏様が喜ぶことをする。**
**滅罪…慚愧して法楽をして罪を消すこと。**

先述した通り、人は生きているだけでいろんな罪を背負っています。自覚があるものに対しては謝れますが、ご先祖様から続く業や、自覚がなくやってしまった悪い行いなど、目に見えない罪をいろいろ抱えています。

そんな罪（悪業）に対して懺悔し、**仏様の力を借りて穴埋めする**のです。

**そして、力を貸して下さった仏様に対して法楽を捧げます。**

私はいつも、人様のお宅を訪問する際と同じように、仏様に対しても、お参りする仏様がどういう仏様で、どんなものをお供えすると良いのかを調べて、仏様に喜んでいただけることを考えて、それを捧げるようにしています。

ある僧侶から、「法楽していないと、仏様に垢がつき、くすむ。くれぐれ星人が集まると仏様がやせ細り垢がつく」と言われたことがあります。

確かに、仏像もお墓もお仏壇も、きちんと法楽（お参り）していないと、だんだんとくすんできます。

現状がうまくいっていないときは、ついそれを変えたいと思い、プラスにすることばかり考えて、**「なんとかして下さい」**と仏様にもお願いをしてしまいがちです。

ですが、まずは慚愧・法楽をし、滅罪することで自分が抱えているマイナスをゼロにすれば、物事は自然と良い方向へ進んでいきますよ。

## ③お香を焚き目を瞑り、自らが香りになるイメージをする（香りと一体化する）

私の大好きな映画に「空海」という映画があります。

弘法大師御入定（ごにゅうじょう）一一五〇年御遠忌（ごおんき）の記念映画です。

その映画のなかで特に好きなのが、空海が遣唐使として日本から唐に渡る際、嵐にあい船が転覆しそうななかで叫ぶシーンです。

「この風も、この波も、この雨も、いったいなんだと思う。天の息だ。天の激しい息遣いだ。胸の鼓動だ。涙だ。この大宇宙は生きている。生きている、風も雨も波も。その生きている証だ。この風を抑えようと思うなら、己が風になれ。この雨を止めようと思うなら、己が雨になれ」

そう空海は叫びます（映画「空海」より）。

空海は、唐に渡る前の青年期に、山や海の大自然を、野を越え川を渡り歩き回るなかで、宇宙と一つになる悟りを開いたと言います。

**その境地に至るには、理性だけでなく、感覚（本能的なもの）によるものも大きかったのではないかと思います。**

そのとき、空海が歩き回った山中を「香華の山」と言い、そこのお寺が「香気寺（のちの高貴寺）」と呼ばれたと伝えられています。

かの司馬遼太郎は、

「空海は原インド的な色彩のつよい密教の徒であったために、芳香については異常な嗅覚をもち、その嗅覚そのものが感覚ではなく思想で、ふと芳香を嗅げば、そのまま自分も芳香になり、花になり、そのようになることが密教の即身成仏の境地だという世界に住んでいたらしくおもえるし、そのためもあってかれはこの山（香華の山）が気に入っていたのであろう」

と言っています（『香りの百科事典』より）。

**司馬遼太郎が語る空海のように、「自らが香りになる」ようなイメージで香り**

**と一体化してみて下さい。**

平安時代、煉香を四季に適した香りに分類したように、古来日本人は四季や自然のなかに香りを組み込み表現しました。

そんなふうに、自分が香りとともに自然のなかに組み込まれていくイメージで、お香の香りを聞き、目を瞑ると、自分のなかにある感覚（本能）が目覚めてきます。身口意を整えるには、感覚を鈍らせないことも必要です。

**見たくないものを見たり、聞きたくないことを聞いたりしても、それを心のなかに溜め込まず流すことが大切です。**

お香の香りとともに自分も自然のなかの一部になるイメージで、お香の香りが流れていくのと一緒に、不要な感情もすべて自然に流してしまいましょう。

## ④無我夢中で物事に取り組む

**今、私にはハマっていることがあります。**

それは、灯明を灯して、お香を焚きながら「お念仏」をすること（「南無阿弥陀仏」ととなえること）です。

**三十代の女がハマること⁉**と自分でも突っ込みたくなりますが、なぜそれを始めたかと言うと、実際にそれをやっているあるお寺の奥様のお話を聞いたからでした。

その奥様はご病気を抱えていらっしゃり、藁にもすがる思いでひたすら「南無阿弥陀仏」をとなえていたそうです。

洗濯をするときも掃除をするときも、体を動かしながら「南無阿弥陀仏」をとなえていたある日のこと、お寺の行事で食事を作らねばならず、料理が苦手なその奥様はどうしようかと思っていたらしいのですが、行事当日、気がついたら料理が出来上がっていたと言うのです。

「私が到底作れるはずのない料理が気づいたら出来上がっていた」と、その奥様は言ったそうです。

その状態を、仏教では般舟三昧（はんじゅざんまい）と言い、七日ないし九十日間この三昧を行えば、現前に仏様を見ることができると言われています。

**実際その奥様は、そのあと仏様が見えるようになったと言います。**

このお話を聞き、お念仏を始めた私ですが、当然ながらそう簡単に般舟三昧に入れるわけがありません（動機が不純ですしね。となえていて、そのお寺の奥様の純粋な思いでとなえる「南無阿弥陀仏」に失礼ではないかと思えました）。

そんなある日、訶梨勒を作る際のことです。

作る前に「阿弥陀様にすべてお任せします」と宣言し作り始めたところ、いつもは四～五時間かかるのに、なんとその日は一時間で完成したのです。

そのとき「南無阿弥陀仏」をとなえながら作ったわけではなく、ただすべて阿弥陀様にお任せしましたので、お念仏をとなえようとか、作る相手のことを考えるわけでもなく、無心でした。

その体験から、私は「無我夢中＝般舟三昧」ではないかと思ったのです。

あるお寺の奥様は、ご病気から立ち直りたく、ただただ無我夢中にお念仏をされていた。私は、お念仏はとなえていないけれど、ただただ無我夢中で訶梨勒を作っていた。

**そうしたら、自分の力とは思えない力を発揮できた。**

それが、**仏様の力（他力）**なのではないかと思いました。

我を忘れ物事に取り組むことはお念仏をしている状態と同じこと。だから本来、無意識に「南無阿弥陀仏」をとなえていることが正解なんだと思います。ということは、逆にはじめは意識的にやっていても良いのかなと思います。

同じ作業をずっと繰り返していたら体が覚えて、無意識レベルで勝手に動くようになれるまで、繰り返し繰り返しとなえている。そうすれば、無意識に口をついて出てくるときがくるのではないかと思ったのです。

よく**「ツイてる」「ありがとう」**とずっと言い続けていると人生が好転するというお話を聞きます。

**それは言葉の持つポジティブなエネルギーが自分に還ってきているからだと思います。**

私は常々、仏様はポジティブなエネルギーの集合体のように感じています。なぜなら、私たち人間が仏様に向かい手を合わせ信仰すればするほど、確かにそこに仏様がご鎮座されているように感じるからです。

**仏様に手を合わせて下さる方が増えれば増えるほど、その存在感は増していきます。**

まるで、私たちが仏様を大切に想うその想いが、大きな光のエネルギーとなってそこにあるかのようです。

「南無阿弥陀仏」も「無我夢中」も、それと同じような光のエネルギーを発していて、それが一定のラインを超えたとき、その光が自分に宿り、**自分のエネルギーが最大限に高まって、自分の力とは思えない力が発揮できるのだと思います。**

## ⑤月に一度お寺に通う

普段、お寺にお越し下さるみなさんからは、

「お経を上げ始めると、清らかな空気が空間に凛と満ち満ちていくのを感じました。ただただ仏様のご仏前に居させていただけたことがありがたく、深く感動いたしました」というお声や、

「お勤めが終わるころにはとても穏やかな気持ちになり体も心も軽くなります。本堂の良い空間でお参りを済ませて帰った日はとても穏やかな一日を過ごすこ

とができます」といったお声をいただきます。

みなさんはじめは何かのきっかけがあってお寺にご参詣下さり、そのあと継続的に通って下さっています。

お寺に継続してご参詣下さっているみなさんからは、**「ここへ来るようになってから前向きな気持ちを持てるようになりました」**とか、**「ここへ来る時間が、自分にとっては本当に必要な時間です」**というお声をいただきます。

お寺に継続的に通っていると、仏様との縁が起こり、それが良い縁起となって働いているのだと思います。

また、日常ではなかなか触れることのない仏教の世界に触れていただけることも、癒やしや浄化につながったことと思います。嫁ぎ先のお寺では、毎月第一の土日の朝に、『精進モーニング』という行事を開催しております。


**精進モーニングのテーマは『健康×交流』です。**

毎日お供えしているお仏飯のお下がりを、風邪を引かなくなる、気力が増す、などの十の功徳があると言われているお粥にしたものと、京都の専門店から取り寄せた旬のお漬物を召し上がっていただいたあとに、写経や法話の体験をしていただいております。

精進モーニングを通して、普段お寺と関わりのない方にも、少しでもお寺に興味をお持ちいただいて、お粥・写経・読経・法話を通して、仏様との縁を結んでいただけたら良いな…という思いで活動しております。

少し前に、ある僧侶から「どんなご祈祷も、この一杯のお粥には敵いませんな」と言われたことがあります。

**実は、はじめは普通のお粥だったのですが、あるときから、作ったお粥が光り輝くようになったのです。**

そして、同じ時期から、お寺にお越し下さるみなさんから口々に「お寺の空気が変わった！　明るくなった」と言われるようになりました。

それは、先述した「常灯明・常香」を始めてからでした。常にろうそくとお香を絶やさないことがお寺の空気を変えたのです。

それ以外にも、掃除・お参りの内容など、お寺の空気を良くするためにいろいろと試行錯誤しておりましたので、複合的な要因もあるかもしれません。ですが、お香とろうそくによるところの変化は大きかったと思います。


**仏様に法楽を捧げることで光が増し、まるでお粥が仏様の光のように輝いていったのだと思います。**

**◎三分写経のすすめ**

精進モーニングにご参詣下さったみなさんに「三分写経」というものをおすすめしています。**その名の通り、三分で記す写経です。**

「南無阿弥陀仏」と一度記します。

そして、用紙の左側の空きスペースには、目標であったり仏様への想いなど、自由に記載していただいているのですが、みなさんの書かれたものを見る機会があった際、「父親の病気が良くなりますように」とか、「お友達の赤ちゃんが無事に産まれますように」とか、もうほとんどのみなさんが**「誰かのため」**に書かれているのです。

それを見ていると、自分も気がついていないだけで、親以外にも、どこかで誰かに想ってもらっているんだろうなと思います。

かく言う私も、写経をするときは、みなさんの先祖代々の供養の意を込めて行います。

**「想い」というものは形こそありませんが、確実にエネルギーとして存在していると、私は常日頃から感じています。**

**良いエネルギーの集合体は「光」。**

**悪いエネルギーの集合体は「闇」。**

一日三分でも、誰かのためを想う時間を持つ人が増えたら、きっと世の中は光で満たされていくのではないでしょうか。

**あなたもぜひ、三分写経を始めてみませんか。**

きっとあなたも、気づいていないだけで、どこかで誰かに想われています。

# 6章

# お寺×お香で自分らしさを取り戻す

# 寺ガールから寺嫁に

先にも少し述べましたが、私は結婚する前からお寺が大好きで、周囲からは寺ガールと呼ばれ、東海地方のさまざまな雑誌やテレビにも出演させていただいていました。お陰さまで、仕事にかこつけて、大好きなお寺をたくさん巡らせていただきました。そんな生活をしながら、当時三十三歳になった私は、ふと思ったのです。

**ガールじゃなくて、もうおばちゃんだわ…と（笑）。**

そんなわけで、寺ガールを卒業することを決意し、寺嫁になることにしました。

…って、こんな簡単にまとめちゃいましたが、寺嫁にならせていただくまでの道は、決して順風満帆なものではありませんでした。

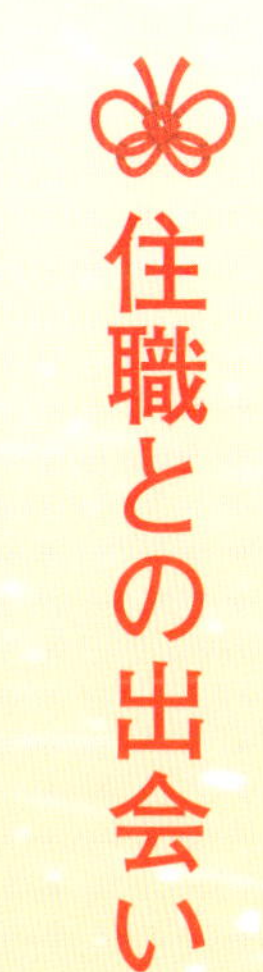

# 住職との出会い

私が嫁がせていただいたお寺のご住職との出会いは、ある夏の日のことでした。

**私の元に届いた一通のメール。**

『いずれは自坊でヨガ教室を開催したく、ホームページを興味深く拝見させていただいていました』

聞けば、いつか自分のお寺でヨガをやりたいとのことでした。

当時、寺ガールとして、お寺での数々のイベントの企画をしていた私。そのなかでも、ヨガイベントは特に人気が高く、新聞やテレビによく取り上げられていました。それを見たご住職が、私にメールをくれたのでした。

お寺好きの私は、自分の知らないお寺にはとにかく一度行ってみたい‼そう思い、このメールをきっかけに、ご住職のお寺を訪ねることになりました。

初めてご住職のお寺を訪ねたその日。立派なお寺の門をくぐると、なかからあられたのは、ヒョロッとした細身の若いお坊様でした。

そんなお坊様の姿を横目に「ご住職はどこかな…？」と思いキョロキョロしていたら、

**「初めまして。住職の石濵です」**

と、その若いお坊様が私に名刺を差し出してきたのです。


**なんと！　この若いお坊様がご住職!!**


と、びっくりしたのも束の間、よくよくジーッとご住職のお顔を見つめてみたら、すぐに納得しました。

本堂の阿弥陀様と、お顔がよく似ていらっしゃいました。いろんなお寺を巡っていて気づいたことがあります。

**それは、ご本尊様とご住職のお顔が似ているお寺が多いということ。**

よく、夫婦は似てくると言いますが、夫婦同然に固い絆で結ばれたご本尊様とご住職は、お顔が似てくるのかもしれません。

## 心が自然と開く「お寺」という空間

初めて行ったご住職のお寺が大好きになった私は、それから、しょっちゅう通うようになりました。

いろんなお寺を巡っていた私は、お寺のイベントや行事に慣れていました。

ご住職のお寺の行事に参加したときには、誰に言われるでもなく、台所に行きお茶を汲み、勝手にみなさんにお出ししていたりしました。

それを見ていたご住職は、

「お庫裏(くり)さん（お寺の奥さん）みたいですね」

と言いながら、内心は**「絶対にこの人が僕の奥さんになる人だ」**と思っていたそうです。

そして私も、ほがらかで優しい雰囲気のご住職に、どこか懐かしく、温かい感情が芽生えるのを感じていました。ですが、このときはまだ、自分がお寺のお庫裏さんになるなんて、想像だにしていませんでした。

人生いろいろやらかしてきた私は、お寺に入れるような身分であるなどとは思っていませんでした。

お寺が大好きで、お寺に対する信仰心は人一倍でしたが、仏様に救いを求めることはあっても、仏様に仕える身になろうなどとは、まったく思っていませんでした。

ですが、そんな頑なな私に、あるときご住職が言いました。

**「〝こんな自分が〟と思えるあなただからいいんです。そう思う気持ちこそ、人のための原動力となっていくと僕は思っています」**

その言葉を聞いたとき、凝り固まっていた心が少しほぐれていくのを感じました。「あぁ、この人、すごい人だな」と、私のなかにご住職への尊敬の念が湧いたのでした。それからというもの、ご住職と会話をすることが楽しみになりました。いろんなお寺を一緒に巡るようにもなりました。

普通だったら、このままお付き合いに至るところなのでしょうが、私にはもう一つ、気がかりなことがありました。

**そう、それは、自分が子供が出来にくい体だということです。**

ご住職が私と結婚したいと思ってくれていることは言葉の端々から感じ取っていたので、お付き合いをするということはゆくゆくは結婚をするということです。もともと在家だったご住職が出家し、当時ボロボロだったお寺を必死に立て直したことを聞いていた私は、**「ご住職が必死にやってきたのに、私と結婚したら一代で終わらせてしまうかもしれない」**と、起こってもいない現実を想像し、不安に駆られていました。

# 「今の状態を受け入れた先に救いがある」——そのひとことが、私の人生を決めた

ある日、意を決した私はご住職に伝えました。

「**私、子供が出来ないかもしれないんです**」と。そうしたら、ご住職は目をパチクリとさせて、「**そうなったら、きっと僕の業が深いんです**」とひとこと言ったあとに、浄土真宗の開祖である親鸞聖人の話をしてくれました。

「親鸞聖人は〝死んだのち、どうすれば極楽に行くことができるか〟を命がけでつきとめようとしていたけれど、法然上人と出会ったことで、極楽に行けずともかまわないと思えたんです。行く先にたとえ地獄が待っていたとしても、法然上人に付いていこうと思えたことが救いだったんです。**こうなってしまったら…と思うと心配ですが、今の状態を受け入れた先に救いがあると思います**」

それを聞いた私は、**自分がとてもちっぽけに思えて恥ずかしくなりました。**

そんな思いを持ったご住職に、自分が思う勝手な幸せ観（子供が出来たら幸せ。出来なかったら不幸）を押し付けることは失礼なことだと思いました。

**「今、この瞬間の幸せを大切に育んでいこう。そして、これからは、このご住職とお寺のために尽くそう」**

その瞬間、そう決意した私は、すぐに自分からご住職に**「結婚しましょう」**と告げ、晴れて寺嫁となったのでした。

# 手放すことは自分らしさの第一歩

私がお寺に嫁ぐことができたのは、自分が固執していた幸せの価値観を手放したからでした。

お寺で仏教の教えに触れていると、そんなふうに執着がどんどん削がれていきます。それはお寺という場所が、自分の我執よりも大きな、母のような仏様の愛に触れることができる場所だからだと思います。

以前、あるお寺の行事でお説法をして下さった僧侶が、お話の最中に涙を流されながら、**「仏様はいつも私たちに手を差し伸べて下さっているのに、背を向けているのはいつも私たちの方で…」**と仰っていました。

聞いているみなさんも、その僧侶の言葉に心を打たれて涙されていました。

**そのとき、その僧侶は心から仏様の救いを信じ、仏様は僧侶にとって母のような存在なのだと感じました。**

私も、「子供が出来ないかもしれない」と仏様にすがりついたとき、その僧侶と同じように、**母の愛のような確かな仏様の存在に気づきました。**人は、大きな無償の愛に触れると、我執が削ぎ落とされます。

そして、不思議なことに、「欲していると足りない現実」を突きつけられ、「手放すと満たされる現実」に出会えるのです。

# お香×アウトドア坐禅で自分らしさを取り戻す

私が寺ガールだったころの忘れられない体験のなかに「アウトドア坐禅」があります。

**アウトドア坐禅では、外でお香を焚きながら坐禅をします。**

外でする坐禅は、風の音、水の音が本当に心地よいです。

坐禅の最中は五感が研ぎ澄まされて、嗅覚もいつもより鋭くなっているのを感じます。風に乗ってフワッと漂ってくるお香の香りにとても心が癒やされます。

外でお香を焚くのはそのときが初めてでしたが、外で焚くお香もいいなぁ～と思いました。

**坐禅をしていると、自分の心との付き合い方、鍛え方がわかります。**

学生時代、数学や国語は教えてくれる先生がいましたが、心について教えてくれる先生はいませんでした。

**自分の心との付き合い方、鍛え方がわかれば、いろんなことにまどわされることなく、自分らしい人生を生きていけます。**

自分というものを「身体・命・心」と分類して考えると、身体は淡々と生きていて、命は生存を目的として働きかけます。ですが、心だけが迷い、認めてもらいたいと不安になり、怒り悲しみ苦悩して、ときには自分を再起不能になるまで傷つけます。

ですが、心だけが慈悲と感謝を生み、たとえ存在しなくなっても人間の心に生き続けることができます。

**大切なのは、自分から苦しみを生み出さないことです。**

**悩まされる前に、まずは自分の心を知ることが大切だと思います。**

そのとき坐禅を指導して下さった僧侶が、こんな話をしてくれました。

『トマトを買おうとしている三人の女性の話』

一人は、大切な家族のことを思い、美味しいトマト料理を作ってあげようと思いながら、トマトを買う女性。

一人は、うとましい家族のことを思い、どうして家族のためにご飯を作らなければならないのかと思いながら、トマトを買う女性。

そしてもう一人は、一人暮らしの孤独な女性。誰か一緒にご飯を食べてくれる人がいたら幸せと思いながら、トマトを買う女性。

うとましい家族のことを思う女性は、家族がいなければ幸せと思っている。

一人暮らしの孤独な女性は、家族がいれば幸せと思っている。

そして、大切な家族を思う女性は、もし家族がいなくなってしまったら、きっと不幸になってしまう…。どれも全部〝**条件付きの幸せ**〟だと。

何かがなければ、誰かがいなければ、幸せになれないなんてことはない。

**幸せは自分の心のなかにあるものだと。**

坐禅をずっと続けていると、そのことに気づくことができると教えてくれました。家族をとても大切に思っている私ですが、家族がいなくなってしまったときに、もし不幸になってしまったら、きっと大切な私の家族は悲しむだろうと思います。

アウトドア坐禅の体験から数年後、お寺に嫁いだ私は、先述した通り、仏様の母のような愛に触れ、我執が削ぎ落とされていきました。そうして初めて、手放すことで満たされることに気づいたのです。これこそが自分の心のなかにある幸せだと思いました。

そのときようやくアウトドア坐禅での僧侶の言葉が理解できたのです。

**我執を手放すと、自然と自分らしい生き方に導かれていきます。**

気づけば、自分の心地の良い場所や、心地の良い生き方を選択できるようになりました。

**自分の心のなかにある幸せに気づけば、その幸せがそのまま目の前の現実にあらわれます。**

# アウトドア坐禅のやり方

海の音や川の音、鳥の声や、風に乗って漂う自然の香りを感じる場所でお香を焚き、静かに坐りましょう。

坐禅をするときは、まず体を整えます。足を組み、姿勢を正します。目は閉じずに、半眼で一点を見つめます。そして次に、呼吸を整えます。吐く息に意識を向け、細く長くゆっくりと息を吐きます。息を吐き切ったら、今度は自然の流れに任せて息を吸います。

そして最後に、**心を整えます**。

いろんな考えが浮かんできたり、いろんな外の情報が自分のなかに入ってくるかもしれませんが、浮かんできたものも、入ってきたものも、それに囚われずに、そのまま流していきます。
はじめは十分くらいから始めて、慣れてきたらどんどん時間を延ばしてやってみて下さいね。

## お香は「今」の自分に集中できるアイテム

お香の香りも、手放すことの象徴のように思います。
香りって、いつかは消えてしまいます。ずっとずっと香っていることはありません。

**いつかは消えゆくものだからこそ、香っている「今」の時間を大切にすること**

**ができます。**

ここまで「朝一番にお香を焚くと集中力が高まるよ」とか「お香を手作りすると心身が浄化されるよ」とか、いろいろと書かせていただきました。

そういうお香が持つパワーを全部ひっくるめて日々体感していると、とても心が満たされて、その満たされた分だけ、人にも自分にも優しくなれます。

お香が持つパワーの複合的な要因があることはもちろんですが、やはり一番は、お香を焚いていると精神が落ち着き、いろんなことに向いていた自分の感情が「今」に集中するので、**「今」の自分の感情と一〇〇%ちゃんと向き合うことができる**という点があげられます。

過去の経験から引きずっている感情や、未来への思いからくる感情ではなく、**「今」の自分の感情としっかり向き合うことって、とても大事ですよね。**

私はいつも、お香の香りを聞いた瞬間、精神が豊かになり、心が穏やかな状態になります。そしてそのあとも、香りを思い出すだけで、精神の豊かさや穏やかさがずっと続いていきます。

お香を焚いて、その香りを記憶にとどめるのは、私の日々の日課になっています。

古来より魔除け・邪除けの効果があると言われているお香には、余計な感情を手放すことをサポートしてくれる作用があるように思います。

**お香の香りを聞いていると、余計な感情から解放された分、心身ともに余裕ができ、「今」の自分に集中して、「今」を大切に過ごすことができますよ。**

# 「今」を大切に過ごす

お寺に入る前の私はよく自分探しをしていました。
でも今は、自分のことがよくわかるようになりました。
**外側に目を向けることより、内側に目を向けることの大切さに気づいたからです。**

たった今、この瞬間の自分をないがしろにしないこと。
周囲の状況に流されず、自分の気持ちを尊重してあげること。
人生は「今、この瞬間」の繰り返しです。
ずっと続く「今、この瞬間」にどれだけ正直に生きられるか。
ずっと続く「今、この瞬間」の三回に一回でもいいから、ただただ自分という人間を味わい尽くすことができるかどうか。不要な感情を溜め込まずに手放して、「今、この瞬間」を自分の本音で生きること。

**お香は、そんな「今」の自分に集中できるマストアイテムです。**

お香の煙とともに、仏様へこれまでの古い自分を差し出し、そしてまたお下がりのお香の煙を浴びて、仏様から新しい自分を受け取る、悪縁（これまでの私）が仏縁（今ここからの私）へ変わる瞬間、**その繰り返しが、自分らしさに辿り着く近道です。**

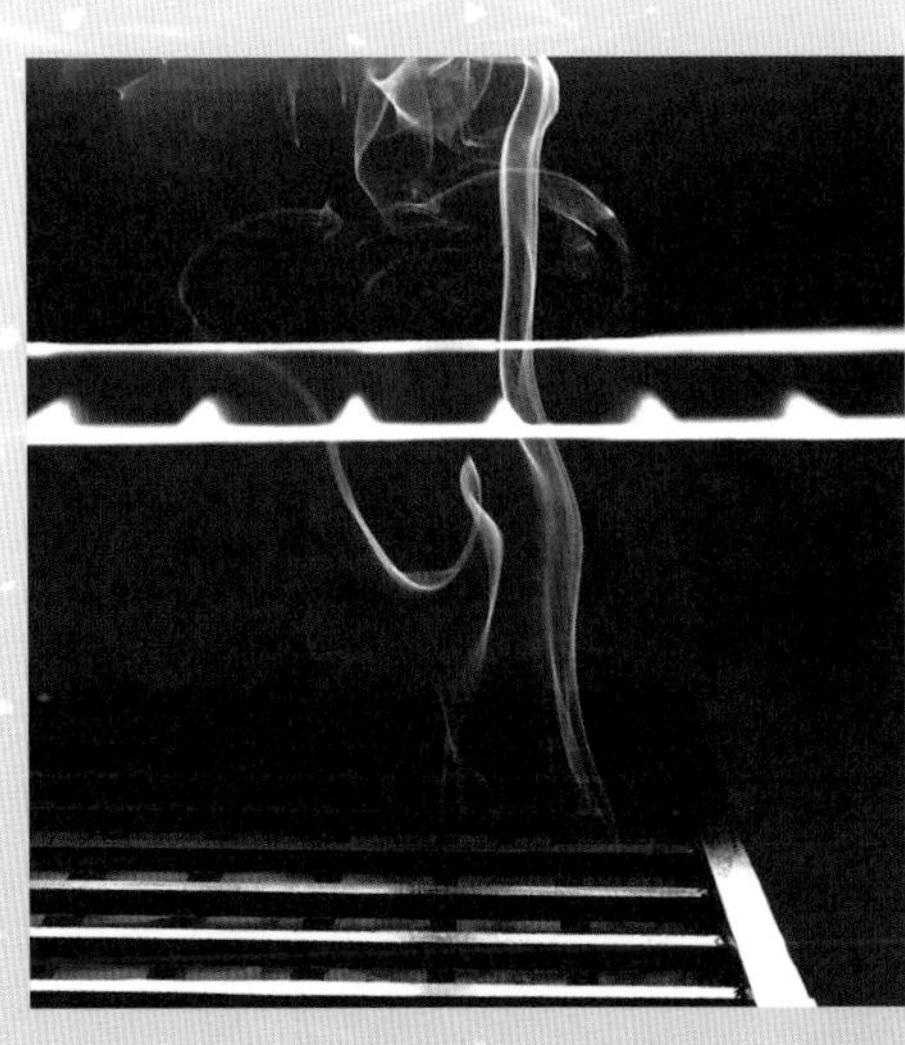

# おわりに

昔、ある生徒さんから、「お香を作ってプレゼントしたら、十年間子供が出来なくて諦めていた友人に子供が出来たんですよ〜」というご報告をいただいたことがあります。実は、お寺にお越しくださる方から悩み相談を受けた際、お香を作って差し上げることがあります。

そうすると、「引きこもっていた子供が働くようになった！」とか「ずっと出来なかった子供ができた！」というお声を本当によくいただくのです。

密教の修法の一つである護摩供（ごまく）では、ご本尊や祈願の目的によってお香の調合が変えられ火にくべられます。何の為にお香を火にくべるかというと、功徳を法界（宇宙全体）にいきわたらせて、全ての生きとし生けるものの為に回向する為だそうです。当然ながら、護摩供は修行を積んだ僧侶にしかできません。

ですが、尊敬する密教の阿闍梨様に「お香をきちんと作ったらそれだけの功徳がある」と教えてもらったので、護摩供で僧侶がやっているのと同じように、お香を作る時はいつも祈りを込めて作ります。引きこもりが解消されたことや子宝に恵まれたことは、僧侶の皆様のお念仏や、他にも様々な要因があってのことだと思います。一概に手作りのお香のおかげとは言えません。

ですが、差し上げる方のことを思って心を込めて作るお香には素晴らしい功徳があるのだと、生徒さんからのお話を聞いて改めて思ったのでした。

皆さんにとってもこの本が、お香に触れてみたい！と思うきっかけになり、そして、お香作りの功徳に触れていただけるきっかけになれば、これ以上嬉しいことはありません。

最後に、私にお香作りを教えてくださった薫物屋香楽様、恩師である阿闍梨様、僧侶の皆様、アウトドア坐禅の師である根本一徹様、そして、大切な生徒様と家族に心より感謝申し上げます。

二〇一九年一月二七日

石濵 栞

# 参考文献

◎『香と仏教』有賀要延 著（国書刊行会）
◎『やさしい飾り結び NHK婦人百科』橋田正園 著（NHK出版）
◎『香料―日本のにおい』山田憲太郎 著（法政大学出版局）
◎『香りの百科事典』谷田貝光克 著（丸善）
◎『密教大辞典』密教学会 著（法蔵館）

**石濵 栞**（いしはま・しおり）

2010 年に、幼少より大好きだったお香の香りを身近に感じていたくてお香の世界へ入門。はじめてつくった手作りのお香の「雅で幽玄な香り」に魅せられ、その香りをたくさんの人に伝えたいという思いがつのる。

お香の調合の専門家を養成している薫物屋香楽香司コースを経たのち「世界で一つ、自分だけの“お香”手作り講座」をスタート。
2016 年には教授資格も取得する。
また、お香同様に好きだった場所「お寺」での、「ヨガ×お香イベント」の開催をきっかけに、数々のお寺でのイベントも手掛け、幅広く活躍。

2014 年 7 月には、お寺好きが高じ、名古屋市にあるお寺の坊守（ぼうもり）となる。2011 年から「お香の作り方講座」を開催。2000 人以上に教えている。

Instagram
https://www.instagram.com/ishihama_shiori
ブログ
https://ameblo.jp/tedukuriokou/

---

訶梨勒の材料はこちらから。
https://www.kiyomekouzuna-shop.com/

イラスト／門川洋子
装丁／冨澤 崇（EBranch）
校正協力／新名哲明・大江奈保子
編集・本文design＆DTP ／小田実紀・阿部由紀子

**ゆらゆら じんわり お香ぐらし**
自分らしく生きる贅沢時間の過ごし方

初版１刷発行 ● 2019年10月25日
３刷発行 ● 2022年1月26日

著者
石濱 栞（いしはま しおり）

発行者
小田 実紀

発行所
株式会社Clover出版
〒101-0051 東京都千代田区神田神保町3丁目27番地8 三輪ビル5階
Tel.03(6910)0605 Fax.03(6910)0606 https://cloverpub.jp

印刷所
日経印刷株式会社

ISBN978-4-908033-41-4 C0077